KB267855

쉽게 읽는 반도체 이야기 Ⅰ

쉽게 읽는 반도체 이야기 Ⅰ

초판 1쇄 인쇄 2015년 01월 19일
초판 1쇄 발행 2015년 01월 26일

지은이   손 진 석
펴낸이   손 형 국
펴낸곳   (주)북랩
편집인   선일영   편집   이소현, 김진주, 이탄석, 김아름
디자인   이현수, 김루리, 윤미리내   제작   박기성, 황동현, 구성우
마케팅   김회란, 이희정
출판등록   2004. 12. 1(제2012-000051호)
주소   서울시 금천구 가산디지털 1로 168, 우림라이온스밸리 B동 B113, 114호
홈페이지   www.book.co.kr
전화번호   (02)2026-5777   팩스   (02)2026-5747

ISBN   979-11-5585-465-5 14560   979-11-5585-471-6 14560(set)

이 도서의 국립중앙도서관 출판예정도서목록(CIP)은 서지정보유통지원시스템 홈페이지(http://seoji.nl.go.kr)와
국가자료공동목록시스템 (http://www.nl.go.kr/kolisnet)에서 이용하실 수 있습니다.
(CIP제어번호 : CIP2015001772)

쉽게 읽는 반도체 이야기 Ⅰ

손진석 지음

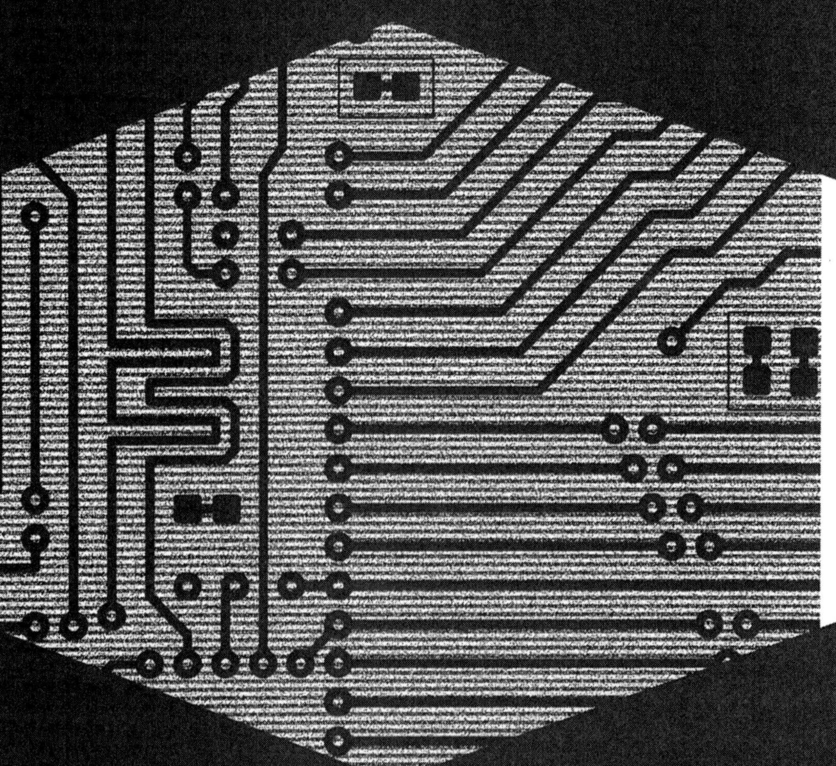

쉽게 읽는 반도체 이야기 Ⅰ

북랩 book Lab

서 문

 본서는 어려운 전공서적을 곧바로 볼 수 없는 고등학교 졸업생이나 일반인들이 반도체에 대해 쉽게 접근하고, 이해할 수 있도록 최대한 이야기 형식으로 풀어 설명하려 노력했습니다. 그리고 본서의 다음 시리즈부터는 본서의 지식을 바탕으로 하여 조금 더 난이도를 높여서 내용을 살펴보도록 하겠습니다.

 감사합니다.

차 례

반도체에 들어가기 전에 다음 명제를 한 번 잘 생각해보세요.

'이 세상의 모든 것들은 바나나인 것과 바나나가 아닌 것으로 구분할 수 있다.'

분명히 본 명제는 참이고 맞는 말입니다. 여기에 토를 달 사람은 없겠죠?

이 세상에 존재하는 것들은 분명히 바나나인 것과 바나나가 아닌 것으로 구분되기 마련이니까요.

헌데, 이러고 보니까 내 존재가 너무 허무해진다는 느낌 안 드세요?

난 그저 바나나가 아닌 존재 그 이상도 그 이하도 아닌… 뭐 이런 말밖에 안 되잖아요.

분명히 바나나와 바나나가 아닌 것으로 구분되지만, 세상엔 나무, 꽃, 산과 바다, 그리고 강, 호수 등 무수히 많은 바나나가 아닌 것들이 있고 그로 인해 세상은 아름다운데 말이에요.

그럼 이 명제의 오류는 어디에 있을까요? 여러분 각자가 한 번 풀어 보세요.

예를 들어 제가 열거한 나무, 꽃, 산과 바다, 강, 호수에는 바나나가 가지지 않는 독특한 성질이 있지요. 단순히 원숭이가 좋아하고 노란색이란 특성 말고요.

무조건 이름을 많이 짓는 게 아니고 그 이름에 부합하는 독특한 성질을 찾아 그에 걸맞는 이름을 짓는 것, 우리는 이것을 합리적이라고 합니다.

너무 싱겁게 끝나버렸나요?

이름에는 그 이름에 걸맞는 독특한 성질이 있어서 그렇게 부른다는 걸 간과한 명제죠.

전 내일모레 50을 바라보고 있고요, 하이닉스 반도체 연구소에서 약 18년 동안 근무했어요. 귀농에 눈이 멀어 귀농해서 전원생활을 꾸미려고 집사람을 꼬시고 애들을 꼬셔서 막상 시골로 내려갔다가, 이런 저런 우여곡절을 겪은 나에게 '넌 그저 바나나가 아닐 뿐이야'라고 누군가가 딱

꼬집어 말한다면 제 인생은 과연 누구에게 하소연한단 말입니까?

애기가 시작부터 삼천포로 빠지네요.

그럼 반도체란 무엇일까요? 도체, 부도체는 다들 알고들 계시죠? 도체는 금속과 같이 전류를 잘 흘릴 수 있는 것을 말하고, 부도체란 고무나 나무와 같이 전류를 흘리지 못하는 것을 말한다는 것을 상식적으로 알고 있죠?

반도체는 도체는 도체인데 반만 도체예요. 그럼 우리의 명제에 의하면 반 부도체도 되는 셈이겠네요.

예, 맞는 말입니다. 하지만 반만 도체이기 때문에 반도체라고 말한다면 50%만 맞는 말입니다.

전류를 잘 흐르지 못하게 저항하는 정도를 표시하는 저항이란 값이 있는데, 이 저항 값이 아주 낮아서 전류를 잘 흐르게 한다면 도체, 그렇지 않고 저항 값이 비교적 커서 전류를 잘 흘리진 못해도 어찌 되었든 전류가 흐를 수 있는 것을 반도체, 또 저항이 너무 커서 전류를 아예 흘리지 못하는 것을 부도체라고 일단은 접근해 보겠습니다.

일반 도체의 경우 각 물질마다 가지고 있는 전류의 흐름을 방해하는 성질 즉 고유한 저항이 있는데 이것을 우리는

‘고유저항’이라 부르고 또 이 고유저항의 역수를 ‘도전율’이라고 해서 저항과는 반대로 전류가 잘 흐를 수 있는 정도를 나타냅니다.

일반 도체의 경우 도선의 길이가 길어지면 그에 따라서 저항도 커지고, 단면적이 넓으면 저항도 줄겠지요. 이를 ‘길이에 비례하고 단면적에 반비례한다’고 하고 수학적으로 표현하면 그 비례상수가 고유저항이 됩니다. 즉 ‘저항 R = (고유저항 × 도선의 길이/단면적)’ 이렇게 수식으로 표현할 수 있다는 것이죠.

전류의 흐름은 물의 흐름과 흡사합니다. 전위(건전지)는 수압 또는 수위 차가 되고요, 물이 잘 흐르려면 용기의 단면적이 넓고, 길이가 짧아야 합니다. 그래야 물을 빨리 마실 수 있겠죠?

이러한 성질까지는 반도체도 동일합니다.

하지만 일반적인 도체의 성질과 반대되는 중요한 성질 하나가 반도체에는 존재해요.

즉, 일반적인 도체는 온도가 증가하면 앞에서 말했던 (전류를 잘 흐르지 못하게 하는 지표가 되는) 저항이 증가하지만, 반도체는 그렇지 않다는 것이죠.

온도가 증가하면 오히려 저항이 줄어요. 그래서 전류를

더 잘 흐르게 만듭니다.

결론적으로 말하면 일반 도체는 온도가 증가하면 저항도 따라서 증가하지만, 반도체의 경우 온도가 증가하면 저항이 오히려 줄어들어 전류를 더 잘 흐르게 만들어 줍니다. 이 점이 일반 도체와 반도체 사이의 가장 큰 차이점입니다.

이런 온도 특성 때문에 반도체가 도체로 구분되지 못하고 결국은 반도체, 도체, 부도체 이렇게 세 가지로 분류를 하는 게 옳겠네요.

바나나 얘긴 하지 않겠습니다.

자, 그럼 일반 도체와 별다르게 행동하는 이 반도체란 놈은 도대체 왜 그렇게 되는 걸까요?

그리고 일반 도체는 그럼 왜 온도가 증가함에 따라서 저항도 증가하는 걸까요?

기본적으로 전류의 흐름을 만들기 위해서는 전류의 흐름을 만들어 주는 놈이 필요하겠죠?

그러려면 우선적으로 전류가 무엇인지부터 알아야 해요.

전류란 전하의 이동이라고 간단히 표현할 수 있어요. 그럼 또 '전하는 뭔데?'라고 묻는 분이 계시겠죠? 자꾸자꾸 안으로 들어가네요. 계속 가 보죠 뭐.

여러분은 '책받침을 옷에 문질렀다가 머리 위에 대면 머리카락이 쭈뼛하게 올라간다'는 사실을 초등학교 시절 배워 이미 알고 있죠. 이것을 '정전기현상'이라고 하며 책받침이 대전(전기를 띠게 되었다는 말)되어 발생하는 현상입니다.

전하는 이렇듯 물체가 대전되어 전기를 띠게 하는 무언가의 역할을 하는 녀석이에요.

전하는 기본적으로 양전하와 음전하가 있어요. 하나의 원자에서 전자가 하나 궤도상에서 벗어나 자유 전자가 되면 전자는 (−) 그리고 전자 한 개를 잃어버린 원자 자체는 (+)전기를 띠게 됩니다. 이 원자를 '이온화되었다' 표현하고 양이온이라 불러요. 반대로 전자가 한 개 더 들어오게 되면 '음이온이 되었다' 표현하고 음이온이라 부릅니다. 원자가 전기적으로 (+)전하 또는 (−)전하를 띠게 되고 이러한 상태의 전하를 '공간 전하'라고 하는데 '공간 전하'는 자유 운반자(캐리어)로서 작용하진 못해요(참고로 이 '공간 전하'가 나중에 설명드릴 공핍층을 형성하게 됩니다).

즉 그래서 이런 이온화된 원자는 전류 흐름에 전혀 기여할 수 없어요. 이는 반도체의 실리콘 격자와 꼭 붙어 있어서 전혀 움직일 수 없기 때문이죠.

전자에 대해서는 구속 전자와 자유 전자로 나누어 생각

하면 됩니다. 구속 전자란 궤도를 벗어나지 못하고 구속된 채 원자핵 주위를 돌고 있는 전자를 말해요. 이렇게 되면 원자 자체는 전기적으로 중성상태가 됩니다.

이렇게 전기를 띠게 하는 무언가를 '전하'라고 해요. 일단은 여기까지 나가기로 하죠. 나중에 더 얘기할 기회가 있을 테니까요. 아무튼 본론으로 돌아와서 계속 이어가겠습니다.

어디까지 했었죠? 우리? '전류의 흐름을 만들기 위해서는 전류의 흐름을 만들어 주는 놈이 필요하겠죠?'에서 잠시 옆길로 샜었죠. 이것은 전자라 불리는 전하 운반자가 있는가, 없는가로 결정돼요(전하 운반자란 표현이 생소하시죠? 하지만 자체 전하량을 띠고 있는 전자 외에 전하를 실어 나르는 뭔가가 더 있다면 이는 전하 운반자라고 부르는 것이 적합합니다. 아무튼 아직까지 전자의 전하량을 언급하지 않았으니 전하 운반자란 표현으로 여러분을 쉽게 이해시키도록 하겠습니다).

그럼 부도체에는 이런 전자와 같은 운반자(캐리어)가 없다는 얘긴가요? 네 맞습니다. 부도체에는 이런 캐리어가 아예 없습니다. 그래서 전류를 흘리지 못하는 것이지요.

그럼 일반 도체는 무엇이 캐리어일까요? 네, 무수히 많은 전자입니다. 이에 반해 반도체는 전자와 정공 두 가지 종류의 캐리어를 갖고 있습니다.

캐리어는 두 종류인데 왜 저항이 높을까요? 그건 캐리어가 두 종류지만 그 숫자가 너무 작기 때문이죠. 우리가 삶을 영위하는 온도를 통상 실온(25℃)이라고 부르는데, 실온에서 전자 정공의 농도가 1.45×10^{10}개밖에 안 됩니다.

농도라고 표현한 것은 단위체적당(cm^{-3}) 개수가 이 정도란 의미입니다.

아주 많은 게 아니냐고요? 네 많이 존재하죠. 하지만 나중에 얘기할 전자의 전하량이 너무 작기 때문에 거의 부도체의 성질밖에 못 띌 수밖에 없어요.

그런데 이 전자와 정공이 온도가 증가하면서 개수가 많아져요. 그래서 일반 도체와는 다른 온도특성을 보이게 되는 거죠. 이걸 좀 유식한 말로 반송자 생성(Electron-hole pair Generation)이라고 합니다.

앞에서도 잠시 언급한 구속 전자가 자유 전자로 변환되려면 온도 에너지($E = kT$, k = 볼츠만 상수, T = 절대온도)나 빛 에너지($E = hf$, h = 플랑크 상수, f = 주파수)를 얻어야 하기 때문에 온도가 증가하면 전자와 정공이 많아지는 것이죠.

일반 도체에서도 이런 일이 벌어지지 않느냐고요? 그렇지 않아요.

전혀 이런 일이 일어나지 않는다고는 볼 수 없지만 아주 극소수의 캐리어 증가만 있을 뿐이고 따라서 온도에 따라 캐리어 수는 일정하다고 보시면 됩니다.

자유 전자 즉 캐리어로서 쓰일 놈들은 이미 다 만들어져 있거든요.

여기까진 어떻게 잘 따라오시나요? 이젠 전자와 정공에 대해 설명을 드려야 할 것 같네요. 잘 따라오고 계시죠? 믿고 갑니다.

전자는 음전하(−)를 띠고 있고 정공은 양전하(+)를 띠고 있으며 둘의 전하량은 동일해요.

(단위는 쿨롱(C)으로 표시하고 쿨롱이란 사람이 만든 법칙 때문에 이런 이름이 붙은 거예요. 다시 말해 양전하끼리는 마치 자석의 'N극과 N극'과 같이 서로 밀어내는 반발력이 작용하고, 이 반발력이 거리의 제곱에 비례해서 줄어들고, 양전하와 음전하 사이에는 반대의 특성 즉 인력, 당기는 힘이 작용하고 역시 거리에 의 제곱에 반비례한다는 것을 쿨롱이란 사람이 발견했어요. 사과

가 떨어지는 것을 보고 중력의 존재를 알아챈 뉴턴의 중력식과 거의 흡사해요. 여기서 전기장에 개념이 나옵니다. 중력장처럼 말이죠.)

전류란 단위시간 동안에 도체의 단면적을 통과한 전하량이 얼마만큼 있었는가를 통해 결정되고, 이것이 전류의 정의예요.

전자의 경우 실제 이동방향과 전류의 이동방향이 반대인 것은 전자가 (−)전하를 가졌기 때문이죠.

1초에 몇 쿨롱의 전하량이 지나갔느냐가 바로 전류 값이 되는 것이죠(1초에 1쿨롱의 전하량 이동이 있었다면 바로 1A(암페어)의 전류가 흘렀다고 표현할 수 있습니다).

암페어도 사람 이름입니다. 왜 사람들은 자기 이름을 이런 데 붙이는지 참 이상하죠?

전자 한 개의 전하량은 너무 적어서 1.6의 10의 마이너스 19승(1.6×10^{-19})만큼밖에 안 돼요.

이 정도라면 일상생활에서는 그냥 전하량이 없다라고 해도 무방한 값이에요.

정공도 동일하다고 앞서 말씀드렸죠.

제가 친구한테 돈을 1.6×10^{-19}원 빌렸는데, 단돈 1원만 주고 얼마를 돌려받아야 할지 계산하기조차 힘들 지경이죠. 어제 술을 한잔 했거든요. 사실 친구 사이에 이만한 돈 정도는 떼어먹어도 돼요. 그냥 떼어먹으세요. 그래도 경찰이 잡아가지 않아요.

그런데, 실제 전류가 흐르는 곳에서 벌어지는 현상은 일상생활로 보시면 안 됩니다. 1.6×10^{-19}(전자의 전하량, 단위 전하량이라고 부르겠습니다)이 엄청나게 작지만 엄청난 숫자가 더해지면 다시 말해 1.6×10^{-19}이 10^{19}개 모이면 $1.6A$가 됩니다. $1.6A$는 꽤 큰 값이에요. 감전사를 일으키는 원인은 전압이 아니라 전류인데 $50A$ 정도 이상이면 감전사할 수 있는 수치거든요.

이렇게 수많은 전자가 이동함으로써 눈에 보이지 않던 작은 전하량이 큰 값이 되어 전하량이 이제 눈에 보이는 것이죠. 정말 티끌 모아 태산이 되는 셈입니다.

그런데, 반도체는 실리콘 기판에(최외각 전자가 4개고 공유결합을 하고 있는 놈입니다. 고등학교 때 들었던 기억이 얼핏 스치지만 잘 모르겠으면 그냥 넘어가세요) 상대적으로 전자가 많은 포스포러스(Ph31, 5가) 원자를 불순물로 주입하게 되면 공유 결합에 쓰고 남는 전자가 캐리어가 되며, 이것을

N형 반도체(전자가 많으니까)라고 부릅니다. 또 반대로 전자가 상대적으로 적은 3가의 Boron(B11) 원자를 집어넣어 주면 공유결합에 참여하지 않는 것이 정공으로 만들어지는 것이 P형 반도체(정공은 양전하를 띠니까요), 바로 반도체 소자예요.

N형 반도체든 P형 반도체든 전체의 입장에서 보면 전기적으로 중성입니다.

왜냐하면 전자(N형 반도체)가 많지만 원래 전자를 제공했던 불순물 원자 입장에서는 (+)로 대전되니까요. P형도 마찬가지 원리로 해서 (−)로 대전되어 전체적으로 보면 전기적으로 중성입니다. $np = ni^2$이라는 공식이 있어요. 흔히 Mass action Law(질량작용의 법칙)라고 부르는데 ni는 진성반도체에서의 전자의 농도입니다.

가령 N형 반도체에서는 집어넣어 준 Ph 원자 개수만큼 전자가 생겨요.

이를 다수 캐리어라고 부르고, 나머지 'ni^2/Nd(ph원자의 농도) = 정공'이 만들어져요.

이를 소수캐리어라고 말합니다. 진성반도체의 캐리어의 농도 ni는 ($\sim 10^{10}/cm^3$) 수준밖에 안 됩니다.

따라서 N형 반도체에서 N형은 전자가 많이 있지만 전체로 봤을 때는 전기적으로 중성이고 P형도 마찬가지입니다. 나중에 설명하겠지만 N형/P형 반도체에서 전자 또는 정공이 사라지게 되면 N형은 (+)형 원자로 P형은 (−)형 원자로 전환하게 됩니다. 이걸 바로 '공간 전하'라고 부르고 이렇게 공간 전하에 의해 형성된 전기장 내에서는 자유 전자나 자유 정공이 존재할 수 없어서 '공핍층'이란 공간이 생깁니다. 전기장에 의해 힘을 받아 정공은 밀어내고, 전자는 당겨 와 버리니까요.

간단하죠. 그러니까 실리콘 기판에 불순물(boron 또는 Ph)을 집어넣어 일부러 캐리어(정공과 전자)를 만들어 주는 게 반도체이고 이것을 토대로 그 성질을 이용하는 게 바로 다이오드(Diode)와 같은 반도체 소자가 되는 겁니다. 불순물로 주입된 양만큼 전자나 정공이 만들어지는 거예요.

실리콘끼리 사는 집에 불순물이 주입되면 쉽게 이온화되어 보통의 실온에서도 이온화가 이루어지고, 온도에 따라 이온화되는 양이 증가하니까 캐리어 수는 늘어나게 됩니다.

그래서 반도체는 온도에 따라 저항이 줄어드는 것이에요.

그럼 이제 온도에 따라 일반 도체는 왜 저항 값이 증가하는지 설명드리겠습니다.

일반 도체의 캐리어는 무엇이라고 했죠? 네 전자입니다.

그런데 이 전자란 놈은 온도가 올라가면서 운동량이 증가합니다. 찜질방 안에서 누가 조용히 방귀를 뀌었다면 얼마나 빨리 사람들이 방을 나가는지 아시죠? 물론 그다지 지독하지 않을 땐 모르지만, 저처럼 며칠씩 변비에 시달린 사람이 이런 일을 저질렀다고 상상하면 퍼지는 건 순식간이죠.

따라서, 이 전자란 놈도 온도가 증가하게 되면 원자를 구성하는 격자들과 제멋대로 왔다 갔다 방향성이 없이 부딪치면서, 전기장의 방향에 그대로 순응해 따라 움직이지 못하고 이리저리 부딪치면서 가게 돼요.

맘대로 춤추고 여기 저기 부딪치는 통에 가고자 하는 목적지에 늦게 도착하는 것이지요.

이것 때문에 온도가 증가하면 저항이 늘어나는 것입니다. 전기장 얘기는 다음 장에서 설명드리도록 하게요.

이와 같은 현상은 반도체에서도 동일하게 일어나요. 하지만 그것보다 캐리어 수가 더 많이 만들어져서 이 같은 현상을 이기고 저항이 감소하게 되는 거예요.

온도 증가가 캐리어 생성에 왜 좋느냐? 이것은 공유결합에 구속된 전자가 흥분되어 자유 전자 즉 캐리어로 변하기 때문인 것만 알아 두시면 좋을 것 같네요.

공유결합에 사용되어 있으면 이놈은 구속되어 캐리어로서 역할을 전혀 못하거든요. 남의 집에 전세 들어와 사는 사람들은 조금만 에너지를 받아도 쉽게 이온화된다고 보시면 됩니다.

캐리어는 그래서 자유 전자 혹은 자유 정공만이 될 수 있는 거에요.

불순물 주입을 통한 진성(Intrinsic) 반도체의 N/P형 반도체로의 제작공정에 대해 조금 알아보도록 하겠습니다.

먼저, 진성 반도체의 경우는 아무런 불순물이 주입되기 전의 반도체를 말하고 정공과 전자의 숫자가 동일합니다. 왜일까요?

아무런 불순물을 주입하지 않은 진성반도체에서는 전자-정공 생성원리에서 알 수 있듯 항상 짝으로 생기거나 소멸되기 때문입니다. 이를 반송자 생성(Electron-hole pair Generation)이라고 하며, 온도와 트랩(Trap: 불순물 또는 격자 결함, 이를 불포화 결합(Dangling bond)이라고 함)의 영향을 받아 쌍으로 생성 또는 소멸되기 때문입니다.

트랩이란 금지대(Forbidden Band) 내에 형성된 소수의 에너지 준위(Energy level)를 말하는데, 이 트랩을 계단 삼아 전도대(Conduction Band)로 뛰어 넘는 것입니다. 물론 온도가 증가하면 더 많이 생성이 되고요.

잠시 얘기가 약간 깊은 데로 빠져버렸네요. 한번 빠져 보죠 뭐.

그럼 진성반도체가 어떻게 N형 또는 P형 반도체로 변하는지 알아보도록 하겠습니다.

도핑(Doping)이라고 임의의 이온(Ion)을 강제로 주입하는 공정을 우리는 임플란트(Implant) 공정이라고 하는데 이를 통하여 N형 또는 P형 반도체로 변하는 것입니다.

표기를 보시면 N-, N+로 표기가 되어 있는 것을 보실 텐데, 이는 농도의 차이를 말합니다.

웰(Well: 우물) 쪽은 N-로 그리고 소스(Source)/드레인 접합(Drain junction)은 N+로 농도를 달리해 주는 것입니다. $5 \times 10^{14} cm^{-3}$개의 불순물량 정도가 10^8개의 실리콘 원자당 하나의 불순물 원자가 있는 셈이에요. 실리콘은 단위체적당(cm^{-3}) 5×10^{22}개의 원자를 가지고 있거든요(격자상수와 격자구조(Fcc_Diamond)를 가지고 계산한 값).

N+라고 해도 몇 PPM 단위밖에 되지 않죠, 그렇게 작은 농도로 전기적 특성이 바뀐다는 것입니다. 조금 더 나가 볼까요?

여기서 잠시 임플란트(Implant) 공정을 소개하기 전에 잠시 얘기해야 할 것이 있네요.

아시다시피 실리콘은 4가 공유결합구조를 띱니다(최외

각 전자가 4개).

여기서 3가의 Boron, 5가의 Ph를 넣을 때, 3가의 B11을 넣게 되면 정공이, 5가의 원소를 주입하면 N-type이 만들어지겠죠. 5개의 최외각 전자 중 1개가 남으니까요.

주입된 양만큼의 정공과 전자가 생성된다고 보시면 됩니다.

이렇게 주입된 이온(Ion)들은 일반적인 온도환경(Normal Room Temp)에서도 쉽게 이온화(Ionized)됩니다. 그래서 N/P type이 형성되는 것이죠.

단, 단서가 하나 따라 붙습니다. 이러한 전자와 정공이 하나의 원자에 고정되면 안 되고 전체 격자구조 속에서 자유로이 이동이 가능해야 합니다.

특히, 정공의 경우는 빈 의자 놀이처럼 비어있는 의자 (에너지 Band〉준위 = Orbital)가 매우 적어서 한눈에 딱 어느 자리가 비어있는지 알아야 합니다. 전자의 바닷속에 마치 정공의 기포처럼요. 그래야 비로소 정공으로서 자유로이 격자 사이를 오가며 자유 캐리어로서 작동합니다(Free Carrier vs Bound Carrier).

약간 어려운 단어들이 나오긴 했지만 모르겠으면 그냥

넘기세요. 중요한 얘기지만 우리에겐 중요하지 않으니까
요. 우리는 쉽게 이야기하는 걸 좋아하니까요.

PN형 반도체는 앞 장에서 살펴봤고요. P형은 영어의 Positive(양성), N형은 Negative(음성)에서 따왔다는 것을 아시면 좋겠네요.

P형은 정공(hole)이 N형은 전자(electron)가 다수 캐리어란 뜻일 뿐 전기적으로는 모두 중성입니다. 전기를 띠었음을 의미하지 않는다는 것을 잊지 마세요.

이 P형 반도체와 N형 반도체를 딱 접합시킨 게 바로 다이오드입니다.

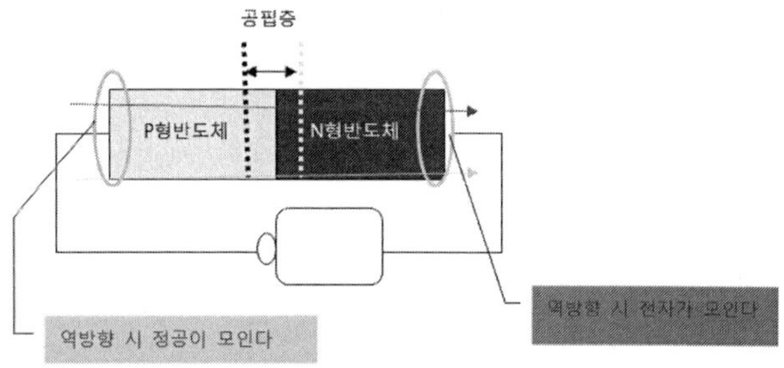

전자의 이동방향은 전류의 이동방향과 동일하며 정공은 전류와 정공의 이동방향이 동일해요.

일반적으로 다이오드는 교류전압을 직류로 변환시키는데 사용됩니다. 왜냐하면 걸어주는 전압(건전지)의 방향에 따라 전류가 잘 흐르거나 (반대의 경우) 전류가 거의 흐르지 않기 때문입니다. 위 그림처럼 건전지를 연결했을 경우 전류는 아주 잘 흐릅니다. 그렇지 않고, 반대로 건전지를 연결하면 전류가 흐르지 않게 돼요.

건전지의 (+)전극에는 P형 반도체를 연결할 경우 P형에 있는 정공들이 건전지의 (+)에 밀려 N형 반도체 방향으로 밀려나게 되고, 건전지의 (−)전극에 N형 반도체를 걸어주면 N형의 전자가 (−)극에 밀려 상호 전류가 흐르게 되는 것이죠.

(+)정공들은 오른쪽으로 (−)전자는 왼쪽으로 잘 흐르고 결국 전류는 오른 방향으로 잘 흐르게 되는 거죠. (−)전자의 이동방향과 전류의 이동방향은 반대라는 사실을 알고 계시잖아요.

반대의 경우 P형의 정공들이 건전지의 (−)전극에 의해 당겨져 와서 P형의 한쪽 모서리에 모이게 되고 전자 또한 동일한 이유로 인해 N형의 한쪽 모서리에 모여 전류가 흐르지 않게 되는 거죠. 위 그림의 둥근 선 부분에 모여 있기 때문입니다.

이처럼 다이오드에서는 이렇게 전류가 잘 통하는 방향을 순방향이라고 하고, 전류가 흐르지 않는 방향을 역방향이라고 부릅니다.

물론 이렇게 간단하게 설명드렸지만, 그렇게 간단한 것만은 아닙니다. '접합전위장벽'이란 것이 만들어지게 되는데, 이 또한 다음 장에서 설명드리겠습니다.

먼저 직류(DC: Direct Current)와 교류(AC: Alternating Current)에 대해 잘 모르시는 분을 위하여 설명을 드리자면 다음과 같습니다.

아래와 같은 시간에 따라 전류의 방향이 (+)에서 (−)로 변화하는 신호를 교류신호라고 합니다.

아래 (1)번 그림은 sin파나 cos파처럼 이렇게 표시되는 걸 정현파, 여현파라고 해요. 가정에 들어오는 220V는 이런 교류전압입니다(220V는 실효치에요).

아래 (2)번은 직류입니다. 그럼 (3)번 그림은 무엇일까요?

(3)번 그림은 맥류라고 해서 크기만 바뀔 뿐이지 방향 자체는 변하지 않으니까 직류가 되는 겁니다.

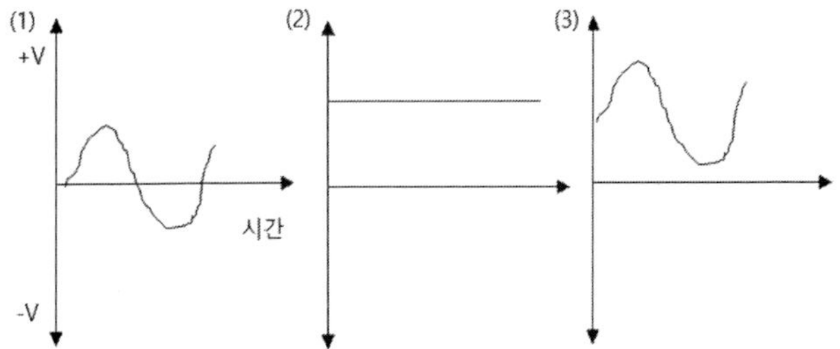

다이오드의 주 역할이 교류를 직류로 변환시켜 주는 정류기라고 앞에서 말씀드렸죠.

위 장에서 접합전위장벽이란 얘기를 잠시 언급했었죠.

잠시 이런 부분을 생각해 보죠.

노란색의 물(p형)과 파랑 색의 물(n형)을 합치면 중간의 어떤 색이 되어 버리잖아요. 노란색과 파란색을 합치면 어떤 색깔이 되나요? 초록색이 되나요? 이 같은 현상을 우리가 중고등학교에서 배운 '확산'이라고 하는 것입니다.

P형 반도체의 (다수) 캐리어인 정공과 N형 반도체의 (다수) 캐리어인 전자 또한 똑같이 이런 확산 현상이 일어나게 돼요.

근데, 위 그림에서는 N형과 P형이 분리되어 붙어 있잖아요. 이게 왜 가능할까요?

무언가 지속적으로 상호 확산되어 N타입과 P타입을 중

화시켜버리는 것을 막는 것이 있어야겠죠.

이것이 Electric Field(전기장)이에요. 전기장에 대해서는 나중에 자세히 설명드리겠습니다.

전기장은 방향과 세기를 가진 벡터량입니다. 벡터와 스칼라는 다음과 같아요.

벡터는 방금 말한 대로 방향과 세기 또는 크기를 가진 놈이고 스칼라는 방향은 없고, 크기만 있는 거에요.

그럼 다음의 예에서 벡터와 스칼라를 구분해보죠.

1) 빵값: 스칼라량 → 크기만 있죠.

2) 몸무게: 스칼라량 → 마찬가지죠.

3) 풍속: 어느 방향과 얼마나 급한 바람이 부는지 방향과
   속도(크기)가 동시에 있잖아요. 그래서 벡터가 되죠.

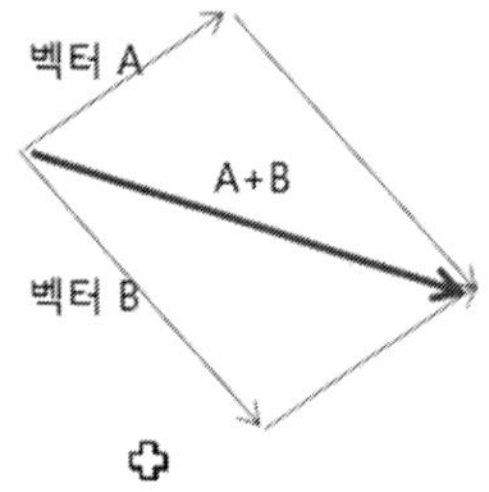

두 벡터를 합성하게 하게 되면 방향이 좀 특이하게 바뀌게 됩니다.

A방향의 힘의 세기(길이), B방향의 힘의 세기(선의 길이)를 합치면 위의 A + B 방향으로 힘이 작용한다는 얘기가 됩니다. 그냥 참고적으로만 알고 계시면 좋겠네요.

중·고등학교 시절 다 배운 거라고요? 아직 기억하고 계시다니 다행이군요.

전기장이 바로 벡터량이란 것만 잘 기억하시고, 계속해서 설명드리겠습니다.

처음에는 상호 확산에 의해 정공과 전자가 각각 건너편 N쪽과 P쪽으로 넘어가요. 전자 하나와 전공 하나가 만나면 재결합(Recombination)을 해요. 그리고 에너지를 방출하죠.

그게 열에너지가 되었든 빛 에너지가 되었든 간에 말이에요. 그래서 소멸되어 버리는데 이 과정은 전자와 전공의 생성과정의 반대라고 생각하면 쉬워요.

그럼 전기적으로 중성상태에 있던 P형과 N형 반도체에선 무슨 일이 벌어질까요?

P형에서는 전기적으로 중성상태였던 것이 건너편 N형

에서 전자가 확산되어 P형으로 건너가게 되면서 P형의 다수 캐리어인 정공 하나와 재결합되어 소멸하게 돼요.

그렇게 되면 전기적으로 음의 전하를 띠게 되겠죠, 반대로 N형에서는 반대편 P형에서 건너온 정공이 전자와 서로 상쇄되어 양의 전하를 띠게 되고, 전기장이 양전하에서 음전하 쪽으로 걸리게 되겠죠. 즉 N형에서 P형 쪽으로 전기장이 생성되기 시작한다는 것이죠.

전기장이 N형에서 P형 쪽으로 생기게 되면 정공은 밀어내고 전자는 당기는 힘이 작용하게 되겠죠.

이러한 확산이 더 많이 일어나면 더 큰 전기장이 만들어지겠죠.

이런 과정이 반복되면서 충분히 전기장의 세기가 세지면 더 이상 P형의 정공이 넘어오지 못하게 되고 전기장이 정공을 밀어내니까요. 마찬가지로 이 전기장 때문에 N형에서 P형 쪽으로 건너가지 못하게 되겠죠. 전기장이 형성된다는 것은 전위차가 발생하게 된다는 말이고, 이것이 바로 접합전위가 됩니다(실리콘 다이오드의 경우 대략 0.7V 정도가 됩니다).

전위차 즉 전압 차가 발생하면 전기장이 생성되고 이 전기장이 전하를 띤 물체에 힘을 가하게 되어 전류가 흐르기 시작하는 것은 상식이죠.

1.5V 건전지를 생각하면 1.5V의 전위차를 만들고 또 그에 맞는 전기장을 생성하게 되면 전자가 힘을 받아 흐르기 시작하는 원리입니다.

전류의 속도는 얼마일까요?

거의 빛의 속도와 맞먹어요. 전자가 전체거리를 달리는 게 아니라 '이어 달리기' 방식으로 전류가 흐르거든요. '붙어 있는 당구공 치기'처럼요.

다시 다이오드로 돌아와서 순방향 다이오드의 접합전위 또는 전위장벽이라고 하는 전압이 대략 0.7V가 되고요(실리콘 반도체의 경우), 순방향에서 전류가 잘 흐르기 위해서는 이 전압 이상이 되어야 해요. 이것이 다이오드의 문턱전압이라고 해서 턴온(Turn-On) 전압이 되는 것입니다.

그래서 다이오드의 전류 전압관계를 그래프로 나타내면 다음과 같이 됩니다.

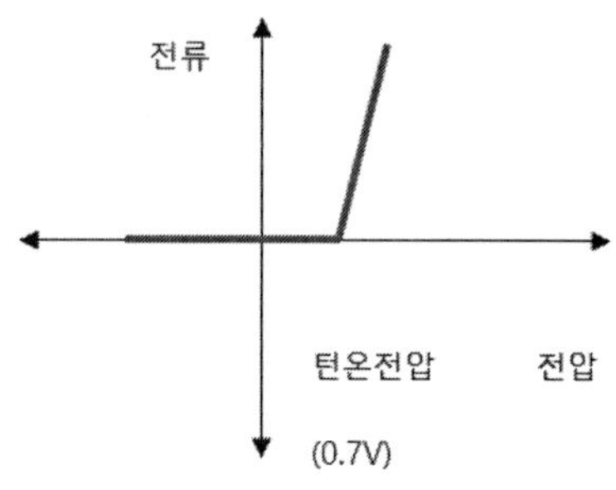

그러면 이런 다이오드는 일상생활에서 어디에 많이 사용될까요?

바로 충전기입니다. 어댑터라고도 하죠. 이런 충전기는 변압기와 정류기와 LPF(Low Pass Filter)와 정 전압 발생기로 만들어지는데 여기서 정류기에 들어가게 돼요.

집에 들어오는 전기는 220V 교류전압입니다.

여기서 220이란 값은 실효치를 애기를 해요, 실효치란 교류전압의 (−)성분을 양수로 표현하기 위해 제곱을 해서 평균을 내는 방식인데 RMS라고 불러요(Root Mean Square).

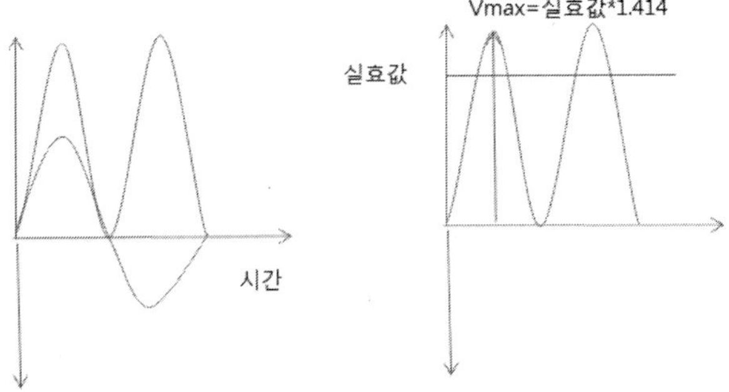

위의 그림처럼 제곱을 해서 평균을 내는 값인데, 실제 교류전압의 최대값은 310V 가량이 된답니다.

그러니 220V라고 해서 220V가 아니고 순간적으로 310V 까지 올라가게 됩니다. 콘센트를 그냥 손으로 만지면 안 되겠죠. 찌릿할 겁니다.

이와 같이 전압 또는 전류를 한 쪽 방향으로만 흐르게 하는 것이 정류기의 역할이죠. 즉 다이오드가 이 같은 역할을 하는 것입니다.

이제 앞에서 전기장에 대한 언급은 있었지만 자세한 설명을 하지 않았던 부분에 대해 좀 더 자세히 알아보도록 하겠습니다.

전하는 무엇인지를 알죠? 앞에서 정전기 얘기하면서 설명을 드렸죠.

전하는 양전하와 음전하가 있다는 것은 알고 계시죠. 기억하고 계시리라 믿습니다.

그리고, 쿨롱의 법칙도 알고 계시죠? 몰라도 돼요. 지금 다시 설명을 드릴 테니까요.

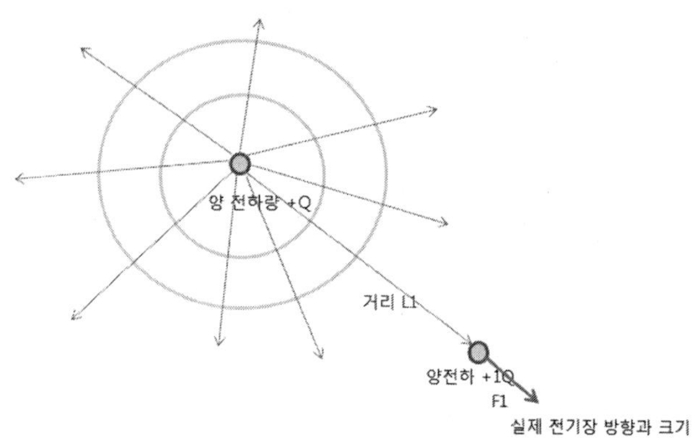

쿨롱의 법칙에 따르면 양전하로부터 화살표 방향으로 전기력선이 발산합니다.

그리고 그 크기는 'F1 = $Q \times Q/(4 \times \pi \times L1^2 \times$ 유전율$)$' 힘 단위 [N]이 성립합니다.

(중심에 있는 Q값은 2쿨롱, 3쿨롱 등으로 변할 수 있는 값임을 주의해 주세요.)

사실 그림에서는 평면 원으로 하였지만 실제는 구의 입

체면 위에서는 동일한 힘이 작용하겠죠. 왜냐하면 $4 \times \pi \times$ L1^{2}이란 공식이 반지름이 L1이란 구의 표면적을 구하는 공식이니까요.

여기서 단위 전하 1쿨롱(1C)에 작용하는 힘(벡터)을 전기장이라고 합니다. 즉 밀고 당기는 힘이 전하량에 따라 달라지니까 '단위 전하량을 가진 놈을 기준으로 얼마만큼의 힘이 작용하느냐?' 하는 것을 전기장에 세기로 표현한 것이라고 할 수 있습니다. 여기서 2가지 단위 체계에 대한 말을 하지 않을 수 없겠네요.

단위 체계는 MKS 단위계와 CGS 단위계가 있는데, MKS 단위계란 Meter, Kg, Second의 앞 글자를 따와서 길이는 m, 질량은 kg, 시간은 초를 사용하는 단위계를 말하고 CGS 단위계란 길이는 ㎝, 질량은 g, 시간은 초를 사용하는 단위계를 말합니다.

위 쿨롱의 법칙은 MKS단위계를 사용한 값이에요.

즉 단위 전하량 1Q가 중심전하라고 하면 '1Q $\times$ 1Q$/(4 \times \pi \times$ 거리(미터) $\times$ 유전율)[N]'으로 표현되고 결국은 MKS의 단위계의 힘의 단위인 [N]이 됩니다.

1N은 힘의 크기인데요. 음 고등학교 때 배운 힘 F = ma란 공식 기억하시나요?

힘은 '질량×가속도'로 표현되잖아요. 1Kg에 1m/sec^{2}의 가속도가 가해지면 이게 1N이 되죠. 근데 이 1N의 값이란 게 도대체 일상생활에서 경험적으로 얼마 정도인지? 도무지 감이 잘 오죠?

쉽게 생각하세요. 중력가속도가 얼마죠? 9.8m/sec^{2}이잖아요. 그럼 1kg 무게는 거의 10N이 되니까 100g의 무게 즉 물 100cc(비중이 거의 1이니까)의 무게가 거의 1N인 거예요. 생각보다 작은 크기죠.

그리고 유전율이란 말이 나오죠. 이 또한 물질마다 각기 다른 값을 가지는데 진공에서의 유전율은 $1/36 \times \pi \times 10^{-9} = 8.86 \times 10^{-12}$이란 값을 가져요.

그리고 비유전율이라고 해서 이 진공에서의 유전율과의 상대적인 크기를 비유전율이라고 해요. 공기는 1 즉 진공에서의 유전율과 거의 동일해요.

유전율은 콘덴서(축전지)에 사용되는 중요한 파라미터인데 여기서는 이정도까지만 설명드리도록 하죠.

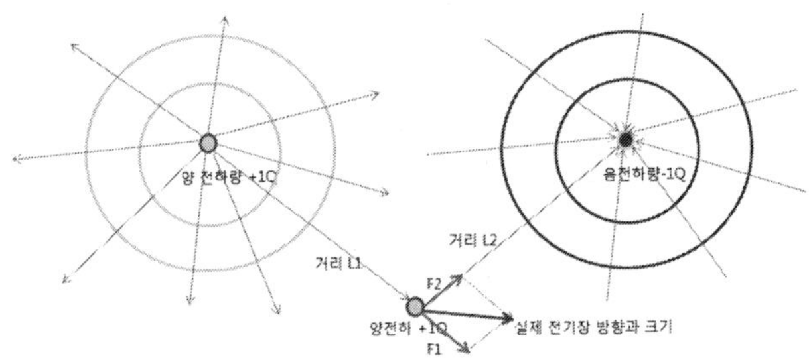

◆ **쿨롱의 법칙**

$F1 = 1Q \times 1Q / (4 \times \pi \times L1^2 \times 유전율)$ 힘의 단위[N]

$F2 = 1Q \times 1Q / (4 \times \pi \times L2^2 \times 유전율)$ 힘의 단위[N]

앞에서 전기장은 벡터라는 얘기를 했을 거에요. 그림에서 F1은 반발력이고 F2는 당기는 힘이에요. 그럼 두 전기장 벡터가 합성되면 실제 전기장의 방향은 그림의 빨간 선 방향으로 크기가 빨간 선의 길이가 되는 겁니다.

3. Tr(Transistor)과 증폭의 원리

이번 장부터는 트랜지스터(Transistor)에 대해 알아보겠습니다.

먼저 트랜지스터(이제부터 Tr이라 부르도록 하겠습니다)란 무엇일까요?

Trans-Resistor 즉 저항을 변화시킬 수 있는 소자를 Tr이라고 해요.

보통의 저항은 그 값이 주어지면 회로 내에서 항상 같은 값을 가집니다. 그래서 이런 저항을 수동(passive) 저항 소자라고 하지요. 그에 반해 Tr은 능동(active) 소자라고 해요.

Tr에는 BJT(Bipolar Junction transistor: 양방향 접합 트랜지스터)와 FET(Field Effect Transistor: 전계효과 트랜지스터)가 있고, FET에는 J-FET와 MOS(Metal Oxide Semiconductor: 금속 산화물 반도체) FET가 있는데 본 장에서는 MOS에 대해 집중하려고 합니다. 그만큼 반도체의 꽃인 DRAM에서는 모두다 MOS FET를 사용하니까요. 그리고 MOS-FET는 증폭용보다는 논리 게이트에서 더 많은 역할을 합니다. 논리 게이트는 MOS-FET을 공부할 때 설명하기로 할게요.

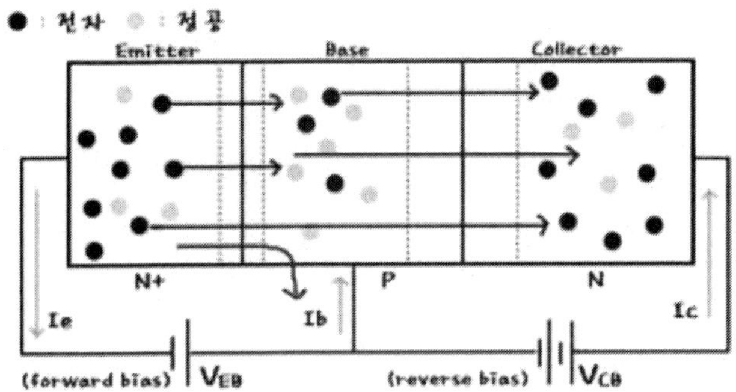

위 그림은 NPN BJT Tr의 동작 과정을 설명한 그림입니다.

BJT는 두개의 다이오드(Diode)를 연결한 구조를 가집니다. 에미터와 베이스 간 다이오드, 베이스와 컬렉터 다이오드 이렇게 두 개를 말합니다.

에미터(Emitter)와 베이스 다이오드(Base Diode)는 순방향이고, 컬렉터(Collecter)와 베이스(Base)는 다이오드(Diode)의 역방향이죠. 그리고 NPN은 이 두 개의 다이오드를 그대로 연결한 모양이 됩니다.

위 그림에서 두 개의 다이오드의 실선 부분에서 양 옆의 점선이 있는데 실선을 중심으로 점선과 점선 사이 영역은 전기장(Electric field)에 의해 전자나 정공이 존재할 수 없는 공핍층이 형성되는 영역입니다.

이러한 공핍층이 생기는 원리는 다음과 같습니다. 앞 장에서도 설명했었죠?

다시 한 번 더 설명을 드리도록 하겠습니다.

NP 접속의 경우 다수 캐리어인 전자가 P형 영역으로 확산되고, P형의 정공 또한 상호 확산하게 됩니다. 이때 전자와 전공이 서로 만나 재결합되면서 N type에서는 (+)이온(자유 전자와 상반된 움직이지 못하는 공간 전하 즉 양이온)들이 만들어지고 P-type에서는 (−)이온이 생기게 됩니다.

그렇게 하여 (+)공간 전하 영역에서 (−)공간 전하 영역으로 전기장이 형성되면서 더 이상 상호 확산이 이루어지지 않을 때까지 공간 전하량이 커집니다. 이것을 접합전위 또는 전위장벽이라고 말할 수 있습니다. 특히 에미터와 베이스는 N+와 P의 농도가 다르기 때문에 N형 내에 형성된 공핍층의 길이는 좁고, P 영역의 공핍층은 길이가 길어집니다. 왜냐고요? 한 번 잘 생각해 보시고 스스로 답을 내보세요. '아! 그럴수도 있겠다' 하는 정도만이라도요.

다음과 같이 생각하면 간단해요. 공핍층이란 어차피 공간 전하량과 전자 또는 정공이 만나서 이온(이온이란 중성상태의 원자가 전기적으로 대전되어 만들어집니다)들만 존재하는 영역이 되는데 불순물(Ph)을 많이 집어넣은 N+ 영역에서는 전자가 아주 많고, 불순물(Boron)을 상대적으로 작게 주입한 베이스의 P형에서는 상대적으로 정공이 적게 되겠죠.

전자와 전공의 숫자는 집어넣어 준 불순물 양 그 자체라고 애기했었죠.

이렇게 N+처럼 포스포러스 원자를 많이 집어넣은(또는 주입한) 걸 하이 도핑(high doping)이라 하고 상대적으로 원자를 작게 집어넣은 걸 로우 도핑(Low doping)이라고 부르기도 합니다.

아무튼 전자가 많이 있는 N+ 영역에서는 베이스 쪽으로 많은 양이 전자가 넘어가서 재결합이 되고, 상대적으로 적게 도핑된 베이스의 P형 영역에서는 적은 양의 정공들만 베이스 쪽으로 넘어오게 됩니다.

이렇게 해서 베이스 쪽으로의 공핍층이 확장이 되고, 에미터 쪽의 공핍층은 축소가 되는 거에요. 더욱이 베이스와 에미터는 역방향으로 바이어스가 걸려 있으므로 이 공핍층이 넓어지면서 전류 역시 흐르지 않게 되고요.

다시 본론으로 돌아와서, 사실 NP 다이오드의 순방향시 실제 일어나는 현상을 좀 더 상세히 설명하자면 NP간 접합을 시켰을 때 일정한 접합 전위 즉 전위 장벽이 만들어지게 되는데, 순방향에서는 이 전위장벽(0.7V) 이상의 전압을 걸어주면 이 장벽전압이 낮추어지게 되고, 수많은 N형의 전자가 P형 영역으로 확산되어 전류를 형성하게 됩니다. 전류 역시 드리프트 전류와 확산 전류로 구분할 수 있는데 순방향 다이오드의 주 전류 모드 역시 확산 전류입니다. 이 부분에 대해서도 나중에 기회가 되면 설명드릴게요.

사실 이런 전위장벽이 존재하지 않을 경우는 NP 양방향에서 확산과정을 거치면서 다이오드가 형성되지 않고, NPN 전체가 동일한 농도의 N-type이 형성될 겁니다. 이렇게 되면 에미터, 베이스, 컬렉터의 구분이 사라지게 됩니다. 이런 현상을 막아주는 게 전위장벽의 역할이고, 이를 통해 NP 다이오드는 N형의 전자가 P영역으로 확산되고, P형의 정공은 N형으로 확산되는 것을 막아주는 것입니다. 앞 장의 다이오드에서 설명드린 부분이죠.

그리고 베이스와 에미터 간에는 역바이스가 걸려 있어요.
이렇게 되면 앞 장의 다이오드 부분에서 설명드린 것처

럼 전류가 흐르지 않게 돼요.

하지만 에미터와 베이스 접합과 베이스와 에미터 접합이 동시에 존재하는 BJT에서는 상황이 좀 달라져요.

보통의 경우 BJT 베이스 폭을 상대적으로 아주 작게 만들어요.

베이스의 P형 폭을 아주 작게 만들기도 할뿐만 아니라 에미터 단의 N형으로 도핑하는 농도를 아주 진하게 만들고 상대적으로 베이스의 p형 농도를 상대적으로 적은 도핑량으로 해서 묽게 만들거든요.

그래서 에미터와 베이스 간 공핍층 영역을 베이스 쪽으로 많이 확장되게 해요.

이렇게 되면, 에미터에서 출발한 전자가 베이스 영역에서 소규모의 재결합 과정을 거처, 컬렉터 단의 공핍층으로 들어가게 되고, 일단 공핍층으로 들어간 전자는 전기장에 의해 컬렉터 단으로 바로 끌려들어가게 돼요. 그래서 $I_c =$ 알파$\times I_e$ (알파가 0.99 정도 됩니다) 베이스 단 쪽에서 소모하는 전류는 에미터 단 쪽에서 베이스 단으로 넘어간 후 재결합되는 부분만 베이스 전류가 됩니다. 따라서 매우 적은 베이스 전류로 BJT가 동작하게 됩니다. 에미터란 '방출하다'란 의미이고, 컬렉트란 '끌어모으다'란 뜻이 있어요.

에미터 전류는 베이스 전류와 컬렉터 전류의 합으로 구성이 됩니다.

이를 식으로 표현하면, Ie = Ib + Ic가 되고, Ic는 '알파 × Ie'라고 했었죠.

그럼 베이스와 컬렉터 간 전류관계는 어떻게 될까요? 이를 베타라고 표현해요. 식을 다시 쓰면 'Ic/(Ie−Ic) = Ib, Ib = 알파 × Ie/(1−알파) × Ie = 알파/(1−알파)'가 됩니다.

그런데 알파값이 거의 0.99 이상이므로, 베타는 99가 됩니다.

즉 Ib에 1을 넣어주면 Ic는 99로 뻥튀기되어 나온다는 겁니다.

이것이 기본적인 전류증폭의 원리입니다.

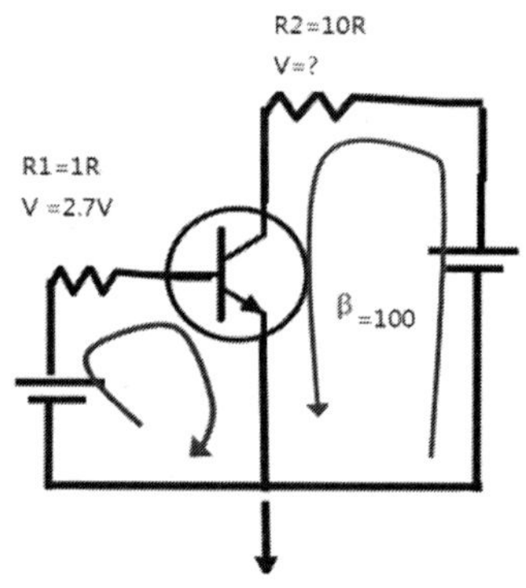

베이스 전압과 베이스 저항에 의해 Ib가 결정되면 Ice는 무조건 Ib × 베타의 전류가 흐른다는 거죠. 그래서, R2에 걸리는 전압이 R2 × Ib × 100이란 전압이 흐르게 되고, 전압증폭도 되는 거에요.

BJT의 경우 '동작점을 잡는다' 또는 'Q-point를 잡는다'는 표현으로 DC 동작점을 잡는 것이 필요한데, 2가지 예를 들어 설명해 보겠습니다.

여기서 DC는 직류를 말합니다. 즉 직류 동작점을 잡아야 한다는 것이죠.

동작점을 잡는 3가지 방법이 있는데 고정 바이어스, 자기 바이어스, 전압분배 자기 바이어스가 있습니다. 여기서는 고정 바이어스와 전압분배 자기 바이어스 회로에 대해 설명드리겠습니다. 주로 사용되는 것은 전압분배 바이어스이고 고정 바이어스는 사용하지 않아요. 이 또한 설명을 드리도록 할게요.

그러기 전에 BJT Tr의 표기법부터 알아야겠네요.

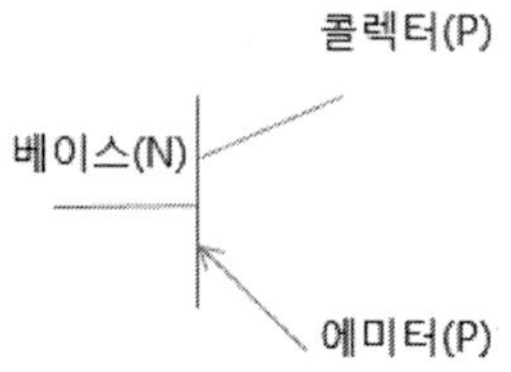

PNP Tr
베이스와 에미터단자에 화살표를 붙이고,
P에서 N방향으로 화살표를 붙입니다.

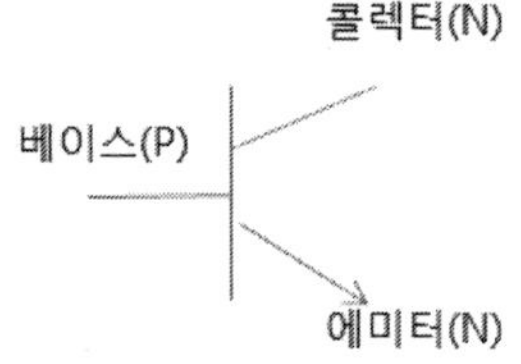

NPN Tr
베이스와 에미터단자에 화살표를 붙이고,
P에서 N방향으로 화살표를 붙입니다.

BJT Tr에는 NPN Tr과 PNP Tr 두 종류가 있습니다.

전자는 전자가 전류의 주 캐리어라면 후자는 정공이 전류를 만드는 주 캐리어란 점만 다르고 나머지는 동일합니다.

자! 여기서 부하선 특성 곡선에 대해 좀 알아볼 필요가 있겠네요.

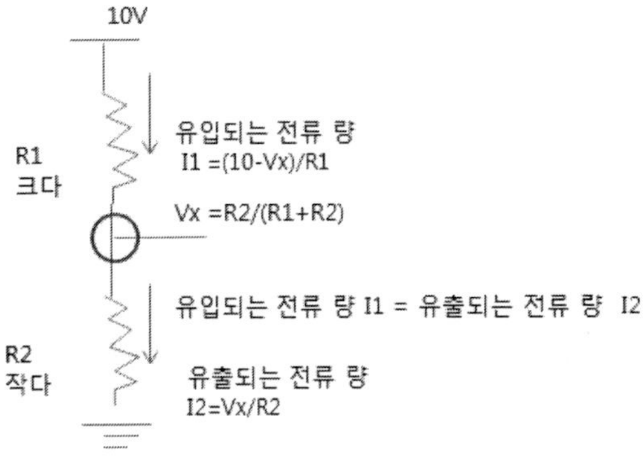

부하선 곡선

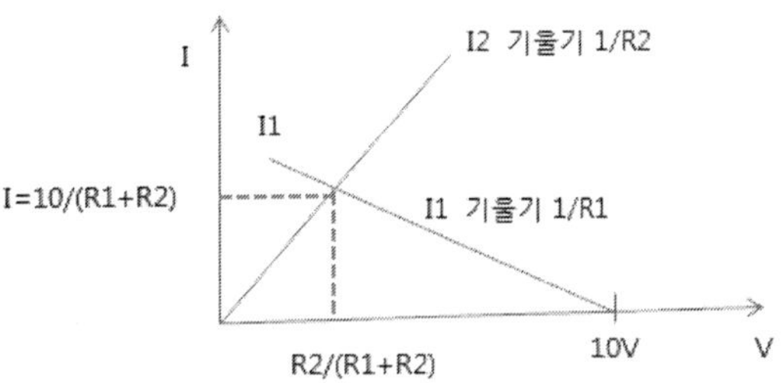

위 그림은 저항 2개가 직렬로 연결된 구조에서 부하선 곡선입니다.

$V = I \times R$이니까 $y = R \times x$로 흔히 보는 일차원 방정식이죠. 이건 x축이 I이고 y축이 V로 표시가 되는 거고요.

근데, 위의 부하선은 x축이 V이고 y축이 I 이니까 x =

1/R × y가 되겠죠.

즉 I = 1/R × V로 표시가 됩니다.

2개의 직선이 만나는 점에서 V와 I가 결정이 되는 거예요.

다음은 저항과 Tr이 직렬과 연결된 구조에서 부하선 곡선입니다.

앞 그림에서 부하선 곡선은 어떻게 될까요?

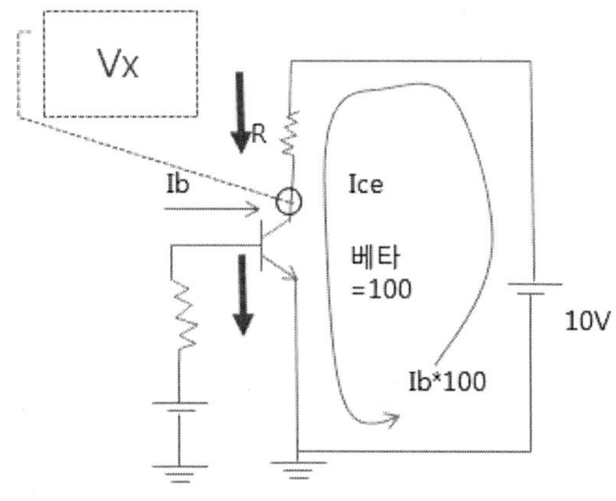

저항 R을 통해 유입되는 전류량과 Tr을 통해 빠져나가는 전류가 똑같아야 해요.

이것이 키르히호프 제1법칙(KCL)이거든요. 그렇지 않다면 Vx node에서 물이 쌓이겠죠. 전류의 흐름은 물의 흐름과 같아서 한 곳에 쌓일 수가 없어요.

R을 통해 유입되는 전류량은 (10V-Vx)/R이고, 전류가 접지방향으로 흐르는 특성은 순전히 Tr의 특성으로 'Vce vs Ice'로 결정됩니다. 아래 Tr의 특성처럼요. 그리고 저항에 대한 부하선은 Vx가 10V가 되면 전류가 0A가 되고 Vx가 0V가 되면 최대가 되어 10V/R이란 값을 가져요. 저항은 선형소자니까 이 두 점을 이어주면 되고요. 그래서 아래와 같은 그림이 되는 거에요.

Ib가 만약 30uA가 흐른다면 아래 그림의 원점에서 I-V 값이 결정이 돼요.

이게 부하선 특성 곡선이 되는 겁니다.

이 부하선 특성 곡선이 Tr에서는 동작점이라고 말합니다.

교류신호가 뛰어놀게 하는 동작점이이라고 해서 Q-point란 용어를 사용하고요.

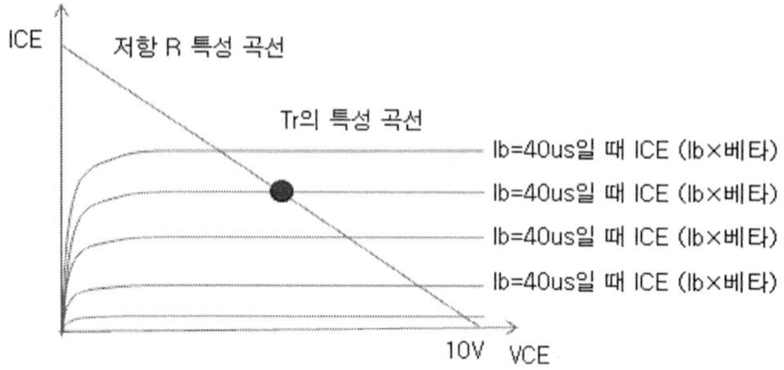

[참고 그림]

이렇게 동작점을 잡는 것을 '동작 바이어스를 잡는다'라고 표현하기도 합니다.

그래서 결국은 아래와 같이 교류입력 신호에 대해 큰 출력전압을 얻게 되어 최종적으로 증폭작용을 하는 것이에요. 인가하는 직류바이어스는 동작점을 잡는 것이고, 이 동작점에서 교류신호를 춤추게 해서 출력신호를 얻는 거에요.

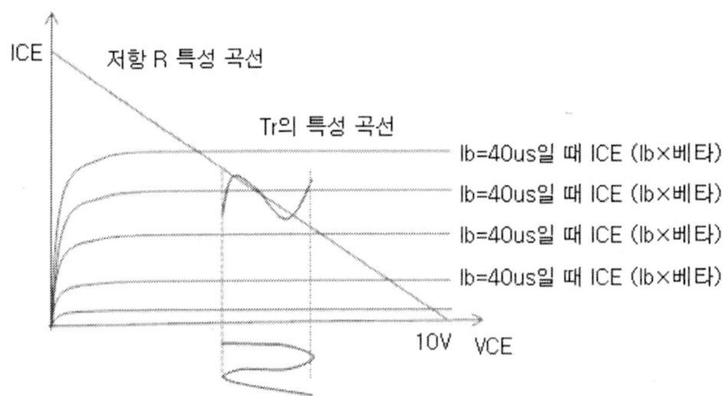

동작점을 잡는 데는 고정 바이어스, 전압분배 바이어스가 사용되고, 그중에 전압분배 바이어스가 대표적으로 사용돼요.

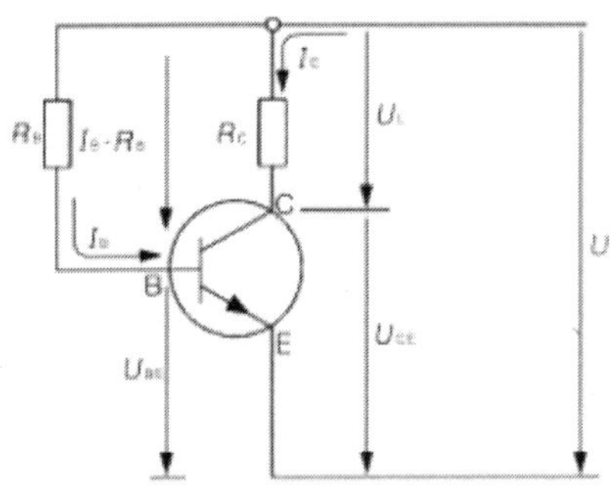

[고정 바이어스 회로]

여기선 U란 전압이 전체 전압에 걸려요. Ib는 (U-UBE)/ RB가 되고 UBE는 베이스-에미터 순방향 바이어스로서 거의 0.7V에서 증가하지 않아요. 일전에 언급했었죠?

따라서, 위의 식은 (U-0.7V)/ RB인 Ib와 Rc 부하선을 그린 앞의 [참고 그림] 모양이 됩니다. 잘 따라 오시나요?

근데, 이런 고정 바이어스 회로의 치명적인 약점이 하나 있어서 실제로는 거의 사용되지 않아요.

그건 '열 폭주'라고 해서 동작점이 계속 바뀐다는 거에요.

모든 전자제품에는 사용을 하다보면 열이 발생하죠. 이것을 줄열 가열(joule heating)이라고 해요. 위의 바이폴라(Bipolar) Tr에서는 줄열에 의해 온도가 상승하면 제일 먼저 영향을 받는 것이 바로 베타값이 증가한다는 거에요. 그래서 더 많은 ICE가 흘러요. 그런데 Ib 전류값은 그대로 유지해요.

ICE는 Ib의 베타배만큼 곱한 값이므로 더 많은 ICE가 흘러요. 더 많은 ICE가 흐르면 줄열도 더 많이 발생하고 베타값이 더 커져요.

이런 악순환이 반복되어도 Ib를 줄여준다거나 Vbe 값

을 살짝 내려줘서 ICE의 지속적인 증가를 막아주는 방어
책이 전혀 없다는 것이죠.

이렇게 해서 열 폭주가 발생하고 맙니다. 결국 Tr이 제
기능을 발휘하지 못하게 한다는 거에요. 다시 말해 동작점
이 중점에서 포화점 쪽으로 잡혀 버려요.

그에 반해 전압분배 자기 바이어스 회로는 이런 열 폭주
현상 없이 안정적인 동작을 하더라는 거예요.

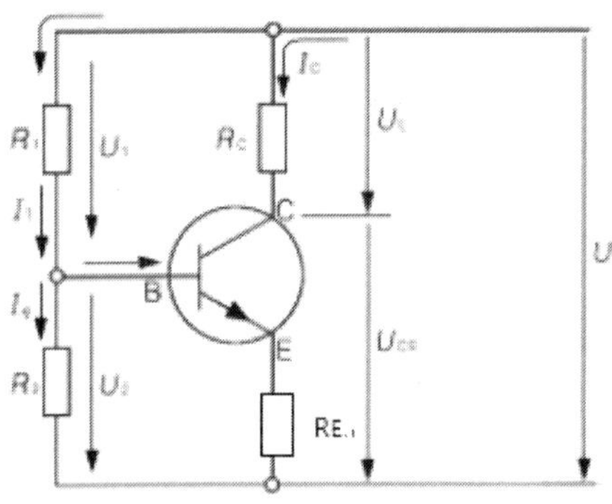

[전압분배 바이어스 회로]

여기서도 마찬가지로 온도가 올라가요. 모든 전자제품

의 특성이잖아요.

온도가 올라가면 베타값이 증가하여 더 많은 전류가 흐르려고 할 겁니다.

헌데, 이 순간 위 그림의 RE에 흐르는 전류가 증가하게 되고 여기서 전압강하가 커지게 돼요. 베이스 단에서의 전압은 일정하게 유지되니까 여기서는 Vbe 값이 살짝 내려가게 되고 따라서 Ib 값이 줄어들게 되어 안정된 그 전의 상태를 유지하려고 하는 것이에요. 그래서 실제 회로에서 제일 많이 쓰입니다.

물론 전압 증폭율이 이 RE 때문에 줄어드는 효과를 없애기 위해 교류에서는 바이패스(Bypass) 콘덴서를 달아주기도 해요. 여기까지 자세히 아실 필요는 없고 그냥 '그렇다더라' 정도만 아시고 넘어가세요.

이번 장에서 설명할 주제는 MOS-FET인데 간단히 MOS라고 불러요.

MOS는 Metal Oxide Semiconductor(금속 산화물 반도체)의 약자로 앞 글자를 따서 MOS라고 불러요.

MOS Tr에도 N-MOS가 있고 P-MOS가 있어요. 또 세분하자면 Depletion(고갈)-MOS와 Enhance(강화)-MOS가 있는데 DRAM에서는 거의 E-MOS가 주류를 이루고 있죠.

간략히 설명드리자면 D-MOS 게이트 전압이 0V에서는 소스-드레인 간이 Off의 상태가 되지 않고, 역방향의 게이트 전압을 가함으로써 Off의 상태가 되는 특성을 갖는 MOS 트랜지스터이고요, E-MOS는 VGS가 0V에서 Off 상태에 있다가 VGS(게이트 소스 전압)를 증가시켜 줘야 채널이 형성되어 전류가 흐르는 MOS예요.

앞으로 설명드릴 MOS는 다 Enhance mode MOS임을 주의하시기 바랍니다.

먼저 N-MOS의 구조는 아래와 같아요.

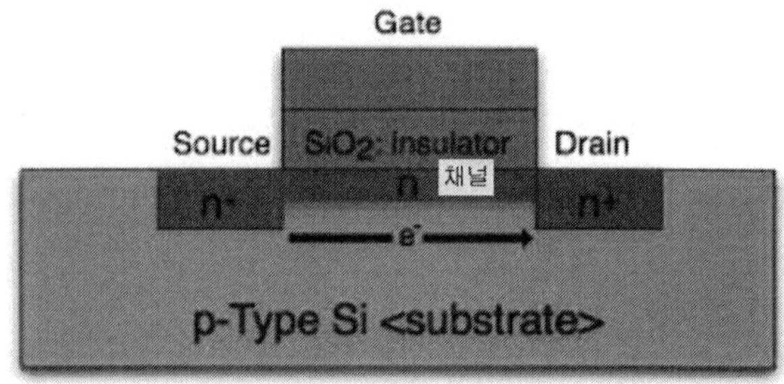

그림을 수직방향으로 맨 위에 게이트는 금속(Metal) 그 사이에 옥사이드(Oxide) 다음에 실리콘 반도체로 된 구조에서 MOS란 용어가 나왔고요.

소스란 채널(channel)을 형성하는 전자를 제공하는 공급자이고, Drain이란 '배출하다'란 사전적 의미가 있어서, 전자가 소스에서 드레인 방향으로 흐르게 돼요.

전류의 방향은 전자의 흐름방향과 반대인 것은 알고 있죠?

MOS Tr은 바이폴라 Tr과 유사하게 세 가지 단자가 있고요, 베이스의 역할을 하는 게이트와 에미터 역할을 하는 소스, 컬렉터 역할을 하는 드레인 단자로 구성돼요. 헌데, 바이폴라 Tr과 MOS Tr의 가장 큰 차이점은 전자는 베이스

전류로 저항 변화를 컨트롤하는 반면 MOS에서는 게이트
와 소스 간 전압차이에 의해 저항 변화를 유도한다는 점에
있어요. 즉 바이폴라는 전류 통제하(controlled)이고 MOS
는 전압 통제하(controlled)란 점이 가장 큰 차이점이죠. 그
림에서 P-type Substrates(기질)는 통상 벌크(Bulk) 또는 서
브(Sub), 웰(Well)로 표시해요.

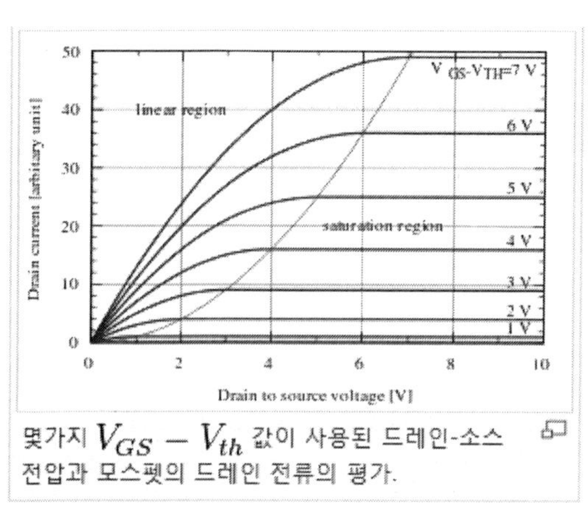

몇가지 $V_{GS} - V_{th}$ 값이 사용된 드레인-소스
전압과 모스펫의 드레인 전류의 평가.

위 그림은 먼저 MOS의 동작특성입니다. BJT Tr과 유사
하죠?

가장 오른쪽의 1V, 2V… 7V가 VGS인데 반해 Bipolar(양
방향)에서는 Ib 전류였었죠.

MOS 기본적인 동작원리는 다음과 같아요.

먼저 그림으로 잠시 설명드리겠습니다.

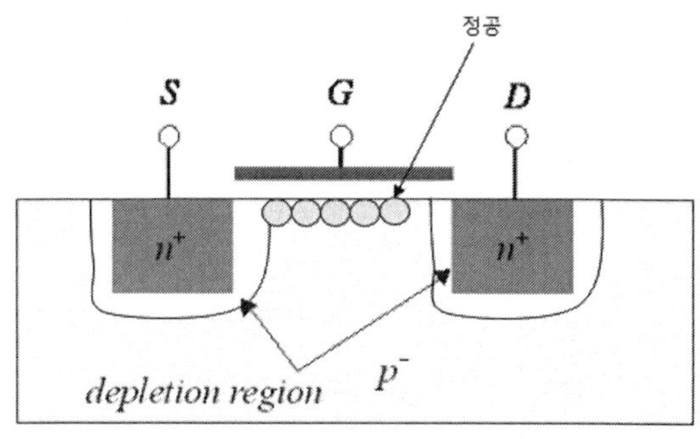

(VGS가 0V 이하일 때는 정공이 표면에 축적되어 채널이 형성

이 안 되어 전류가 흐르지 않아요.)

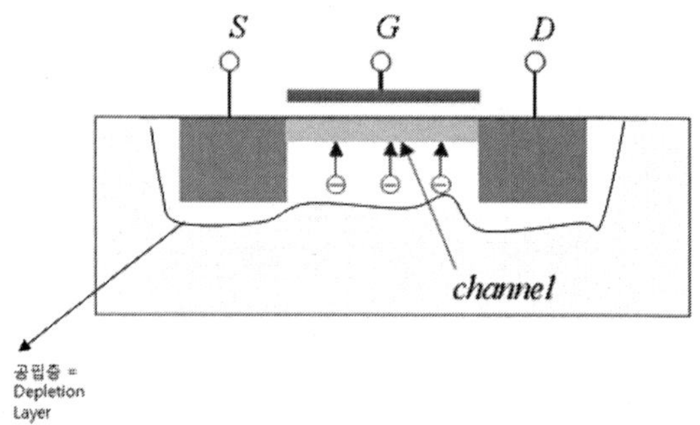

VG가 Vth보다 클 때 표면에 전자가 반전층(inversion layer)으로 형성되어 전류가 VDS 전압에 대해 선형적으로 증가하는 시점의 그림입니다.

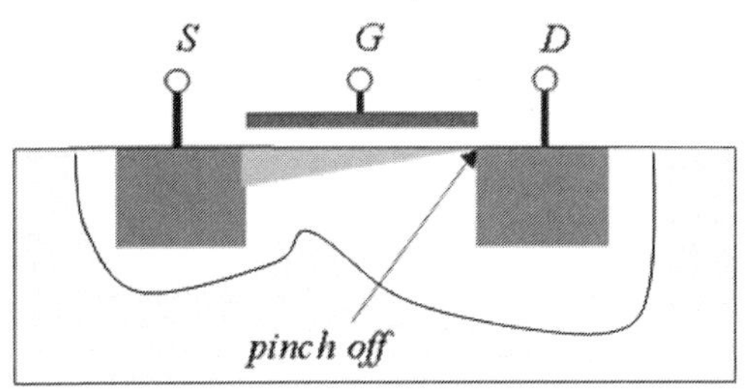

VG 〉 Vth, VDS 〉 VDS;sat

VDS에 의해 공핍층 영역이 확장되면서 드레인 단 채널 끝이 끊어지는 시점을 나타내는 그림이에요.

이렇게 됨으로써 VDS-IDS가 VDS에 따라 선형적으로 증가하는 것이 멈추고 이후 일정한 전류값이 형성됩니다. 이 영역으로 들어가면서 포화 영역이라고 말합니다.

지금까지가 그림으로 MOS 동작을 간략히 설명한 부분입니다.

다음으로 동작 설명을 말로 하자면 아래와 같아요.

MOS는 FET, 말 그대로 전기장(Electric Field) 즉 게이트

(Gate) 전압으로 중심으로 동작하는 Tr입니다.

게이트에 (+)전위를 올려주면 벌크에서 정공은 밀어내면서 소수 캐리어인 전자가 표면으로 모이게 됩니다(표면에서 20Å 내외).

사실은 서브(Sub)에서 전자가 표면으로 모이는 것보다 소스에 있는 풍부한 전자에서 채널(Channel)을 형성하는 전자를 제공한다고 하는 표현이 더 맞는 설명입니다. 그래서 소스란 이름이 붙은 거죠.

즉 소스나 드레인이 없이 게이트와 벌크만 만들고, 게이트에 전압을 걸어주면 채널 형성이 제한될 수밖에 없어요. 특히 빛을 비춰 주지 않거나, 온도가 낮은 상황에서는 공핍층(Depletion) 영역만 생기지 반전층(inversion layer)을 형성하지 못하게 되어서 결국 MOS의 동작 특성은 나타나지 않아요.

Depletion은 공핍층을 말해요. 반전층(Inversion layer)이란 전자가 Depletion 영역에 차지하여 표면 전위의 변화가 거의 없게 만드는 것을 말해요.

그렇게 되면 n형 소스와 n형 드레인 사이에 n형 채널이 형성되고, 자연스럽게 두 단자를 연결시켜주는 구조가 되어서 전류를 흘릴 수 있는 구조가 형성되는 거예요.

그리고 공핍층은 앞에서도 설명을 드렸지만 이온(Ion)이기 때문에 전류의 흐름에 전혀 기여하지 못하고, 대신 반전층에 몰려있는 자유 전자가 전류흐름을 만들어 낸답니다.

이게 바로 채널로 형성되어, 소스와 드레인과 같은 n형으로 연결해 주는 거죠.

이때 소스와 드레인 간 전압으로 드레인 전류가 결정이 되는 것입니다.

전류의 방향은 전자의 방향과 반대이고, 정공의 방향과는 동일한 것을 기본상식으로 아시죠? 여러 차례 반복해서 말하고 있습니다.

Vth(Turn-on전압)란 게이트(Gate) 전압에 대해 'VDS vs IDS'가 선형성을 띠기 시작하는 게이트(Gate) 전위 값이자 N-channel이 형성되어 소스와 드레인 간 전류가 흐르기 시작하는 바로 그 시점의 값으로 소스에 대비됩니다. 즉 소스 전압(Voltage)에 대비해 게이트 전압이 몇 V가 되었을 때 채널이 형성된다는 것입니다. 앞에서 N-channel을 형성하는 전자의 공급원이 바로 소스이기 때문입니다(Vth는 대략 0.4~0.7V가 됩니다).

선형 영역에서 IDS를 개념적으로 근사식으로 간단히 살

펴보면,

$$IDS = 1/2 \times \underline{W \times Coxide \times (VGS-Vth)} \times \underline{VDS/L \times 모빌리티}$$

inversion charge   속도
(전기장의 세기×모빌리티)

Vds/L은 전기장의 세기가 되고 모빌리티를 곱하면 실제 전기장 내에서 전하의 이동속도가 되고, Inversion charge (반전 전하) 량은 개념적으로 Cox(VGS-Vth)가 됩니다. W는 넓이로 이러한 전류의 흐름을 만들어 주는 너비라고 보시면 됩니다.

전류는 드리프트(Drift) 전류와 확산(Diffusion) 전류로 나누어지는데 이 부분 역시 바이폴라(Bipolar) Tr과 MOS Tr의 차이점이에요.

바이폴라 Tr은 확산전류가 주 모드이고, MOS는 드리프트 전류예요.

이 부분은 본서의 다음 시리즈에서 자세히 설명드릴게요.

실제의 정확한 식은 아래와 같아요. VDS 값이 VGS-Vth 까지 선형영역으로서 아래식이 적용되고, VDS값이 VGS-Vth가 되면 핀치오프(Pinch-Off)가 되고, 아래 식의 VDS값을 VGS-Vth로 대입한 셈이 됩니다. 그래서 VDS 전압이 변

해도 일정하게 유지돼요. 이를 '포화영역'이라 합니다.

이때는 전류식이 (VGS-Vth)2에만 비례하게 되어, VDS 항목이 사라지게 됩니다.

◆**선형 영역**

$V_{GS} \rangle V_{th}$ 와 $V_{DS} \langle V_{GS}\text{-}V_{th}$ 인 경우, 트랜지스터가 켜지고, 채널이 형성되어 드레인과 소스 사이에 전류가 흐르는 것을 허용한다. 모스펫은 소스와 드레인 전압과 관련된 게이트 전압에 의하여 제어되는 저항처럼 동작한다. 드레인에서 소스로의 전류는 아래와 같은 형태이다.

$$I_D = \mu_n C_{\alpha x} \frac{W}{L}\left((V_{GS} - V_{th}) V_{DS} - \frac{V_{DS}^2}{2}\right)$$

핀치오프(Pinch-Off)란 VDS 값이 VGS-Vth가 되었을 때 일어나는 현상으로 위 그림처럼 채널이 끊어지는 시점이에요. 공핍층과 전압의 관계는 root(VDS) 값에 비례하여 늘어나게 되고요.

이후부터는 VDS에 따라 IDS 값이 일정한 모양으로 나타납니다.

위의 전류식에서 VDS를 VGS-Vth 값으로 대체하면 됩니다.

다음 장에서는 MOS를 이용한 논리 게이터를 소개하려고 해요.

그전에 P-MOS와 표기법에 대해 알아봐야겠네요.

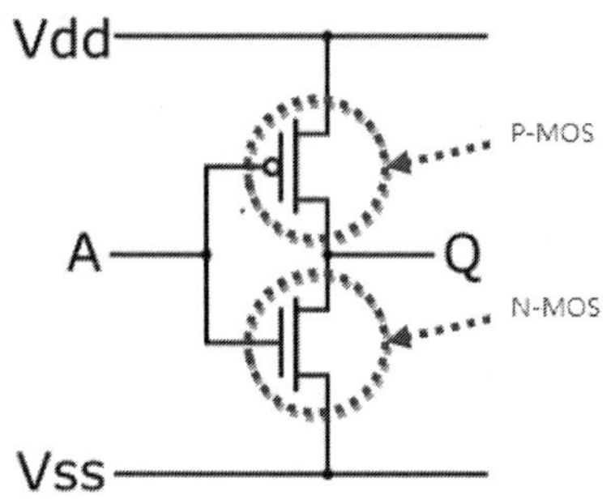

위 그림은 CMOS(Complementary MOS: 상보형 금속산화반도체)로 구성된 인버터(Inverter) 논리회로입니다.

위에서 표시된 것처럼 윗부분이 P-MOS이고, 아랫부분이 N-MOS예요.

P-MOS란 소스, 드레인, 벌크 부분이 각각 P형, P형, N형으로 되어 있고, 게이트는 동일한 구조로 되어 있어요. P-MOS 또한 N-MOS와 동일한 메카니즘에 의해 동작하는 건 마찬가지예요.

P-MOS에서 소스, 드레인 사이에 P형 채널을 형성해주기 위해서 이번에는 어떤 게이트 전압을 걸어줘야 할까요?

P형 채널을 만들기 위해 소스에 있는 정공을 끌고 와야 하기 때문에 (−)전압을 걸어줘야 해요. N-MOS와 P-MOS의 실질적인 차이점은 이것밖에 없어요.

물론 더 자세히 들어가게 되면 고온 반송자 효과(Hot Carrier Effect) 등에 의한 열화 정도가 다르긴 해요. 하지만 여기서는 게이트에 걸어주는 전압이 하나는 양수고 하나는 음수라는 것 외에는 근본적인 의미의 차이점은 없다는 것만 기억하시면 될 거예요.

게이트에 (−)전압이 크면 클수록 채널(channel) 형성이 잘 되어서 VDS-IDS 전류가 많이 흐르고 또한 Pinch-Off 현상도 동일하답니다.

그런데, 이런 음수의 게이트 전압이 들어가야 한다는 것 때문에 Vdd 단에 P-MOS가 와요.

음수 게이트 전압을 걸어주지 않고, 소스 전압을 높게 함으로써 상대적으로 양의 게이트 전압을 음수로 만들어주는 셈이지요.

즉 소스 5V, 게이트 0V, 드레인 전압 0V를 걸어주면, 이건 이렇게도 표현될 수 있잖아요. 소스 0V, 게이트 −5V, 드레인 -5V로요.

가장 높은 양의 전압에서 각각의 전압을 빼주는 것과 같은 효과잖아요.

위의 경우 전류가 아주 잘 흐르게 됩니다.

명시적으로는 음의 게이트 전압이 걸리지 않아도, 이렇게 상대적으로 보게 되면 음의 전압이 보이게 되는 거예요.

N-MOS도 마찬가지지만 소스와 드레인은 상대적 전압 레벨로 구별해요.

N-MOS에서는 소스가 드레인보다 상대적으로 낮은 전압일 때 소스가 되고요.

P-MOS에서는 상대적으로 높은 전압이 걸리는 부분이 소스가 되는 거예요.

앞 장 그림의 Vdd가 5V라 하고, A 전압을 5V라 해 봐요.

상대적 개념에서 소스는 Vdd가 되고, 전압은 0V, 게이트 전압 역시 0V이면 VGS가 0V로 Tr은 Off 상태가 되죠. 최소한 P-MOS에서는 VGS가 (-0.4 ~ -0.7V) 가량 걸려야 하는데 On 상태가 되는데 0V이니까 P-MOS Tr에서는 전류가 흐르지 않게 되죠. 그런데 밑의 N-MOS를 보시면 소스는, Vss(0V, 접지를 말합니다), A는 5V로 이때의 VGS 값은 5V로 Vth보다 훨씬 큰 값입니다.

그래서 N-MOS는 (완전)Fully On 상태가 되어 전류가 잘 흐르므로 Q-node 값이 0V까지 내려가는 거예요.

Vdd 5V에서 P-MOS는 Off 상태가 되어 전류는 흘러 들어오지 못하고, N-MOS는 ground(접지를 말하고, 0V입니다. 앞으로 GND라고 표시할게요) On 상태여서 전류가 GND로 잘 흐르기 때문에 논리적으로 5V가 들어와서 0V 출력을 내니까 인버터(Inverter) 역할을 하는 것입니다.

NOR와 NAND 논리 소자를 MOS로 구현하기 전에 논리 연산의 기본부터 확인하고 넘어가도록 하겠습니다. 혹시 나 해서요.

가장 기본이 되는 논리소자는 AND와 OR 연산이에요.

AND는 기호로 A와 B가 모두 참일 때만 참이 되는 논리 연산이고요.

OR회로는 하나라도 참이면 참인 논리연산 소자예요.

그림으로 표시해 볼게요. 참인 값의 전압 레벨을 5V, 거 짓인 논리의 전압 레벨을 0V라고 가정하면 산술연산과 다 르게 5V 출력은 참, 0V 출력은 거짓 이렇게 표현돼요.

AND 논리는 직렬연결과 흡사하고, 논리곱이라고 불러요.

기호로는 ( ) 이렇게 표시해요.

OR 논리는 병렬연결과 흡사하고, 논리합이라고 해요.

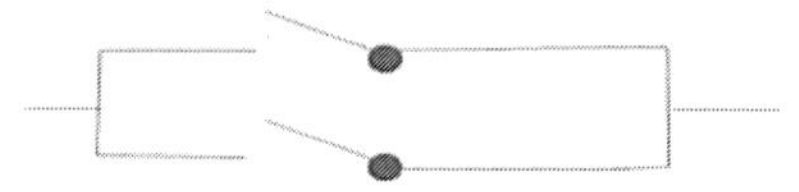

기호로는 ( ) 로 표시해요.

그런데 CMOS 로직(논리)으로 구현 가능한 것은 위 인버터(Invertor)처럼 NOT이 붙는 회로가 됩니다. 이는 PMOS가 Vdd 단에 연결되기 때문이에요.

그래서, 논리게이트를 구현할 때는 NOR 나 NAND 회로로 논리소자를 구현하게 돼요. 이런 논리게이트를 범용게이트라고 부르기도 해요.

NOR는 OR출력에 NOT 회로를 붙여 (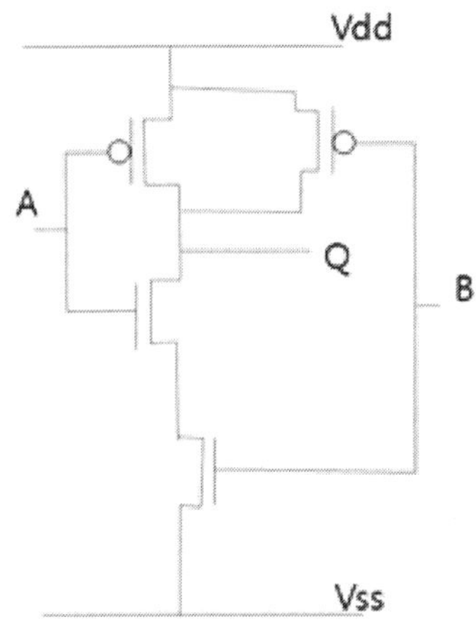)로 표
시해요.

NAND 역시 AND 연산에 NOT을 붙여 논리연산을 하는
소자이고, 기호로는 (   ) 이렇게 표시해요.

AND 회로는 앞에서 직렬연결이라고 했죠. NAND를
CMOS로 구현한 그림이 아래와 같습니다. P-MOS는 병렬
연결이고 N-MOS는 직렬연결이죠.

위 그림은 A, B 둘 모두 다 5V(참)일 때만 출력이 0V(=거

짓)인 즉 NAND 로직이 되는 거지요.

AND 로직이 둘 다 참일 때만 참(즉, 5V를 출력)이므로 이 것의 NOT(반대)는 둘 다 참일 때만 거짓이겠죠?

위의 그림에서는 N-MOS가 직렬입니다. P-MOS는 병렬이고요. 그래서 NAND 로직이 구현되었다면, NOR 로직(논리)은 P가 직렬이고 N이 병렬인 구조로 만들어져요.

이러한 범용 소자로 AND나 OR 회로를 구현하려면 위의 인버터 회로를 붙이면 되는 거예요.

인버터는 입력의 반대가 출력이 되는 거예요. 기호로는 $\overline{A}$라고 표현하고 A의 바(Bar)라고 읽어요.

A곱B의 바(Bar) 즉 $\overline{A \cdot B}$는 $\overline{A} + \overline{B}$와 같다는 드모르간의 법칙이 있어요.

반대로 A합B 즉 $\overline{A + B}$는 $\overline{A} \cdot \overline{B}$와 같다 역시 드모르간의 법칙예요.

무엇의 거짓의 거짓은 참이죠, 이걸 적용시키면 $\overline{\overline{A \cdot B}} =$ $A \cdot B = \overline{\overline{A} + \overline{B}}$ 즉 $A \cdot B$는 아래 그림과 같이 NOR 논리회로 소자로 구현할 수도 있다는 것입니다.

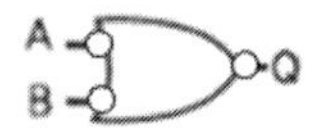

NAND 출력에 인버터를 붙여도 마찬가지 결과를 얻겠죠.

또, A + B = $\overline{\overline{A} + \overline{B}}$ = $\overline{\overline{A} \cdot \overline{B}}$은 다음과 같은 NAND 회로로 구현이 가능하고요.

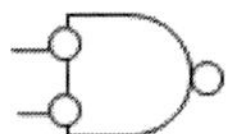

이렇듯 DRAM에서의 CMOS 용도는 이렇듯 논리소자로서의 기능이 더 많아요.

물론 증폭기능도 있지만 대다수 80% 이상에서는 논리소자로서 역할을 한답니다.

위 그림의 원(bubble)은 NOT을 의미해요.

5. 메모리 반도체란?

크게 메모리 소자는 휘발성(Volatile)과 비휘발성(Non-Volatile)으로 대분됩니다. Volatile이란 말은 휘발성, 변덕스러운으로 해석할 수 있고, 그 중에 휘발성이란 단어에 주목해 보도록 하겠습니다. '휘발성이다 또는 비휘발성이다'라는 표현은 반도체의 전원이 꺼져도 그 전의 메모리가 기억하고 있는 데이터를 그대로 보존하고 있느냐 아니냐를 의미하며 이 기준에 따라 메모리가 크게 분류됩니다.

가령 예를 들어 DRAM은 전원이 켜지면 그 전에 기억하고 있던 데이터가 다 지워지는 반면에 하드디스크(Hard Disk)는 전원이 켜져 있어도 그전 데이터를 기억하고 있어서 언제나 PC를 부팅하면 거기서 부팅에 필요한 데이터를 불러올 수 있습니다. 이러한 것이 플래시 메모리(Flash Memory) 소자로서 요즘은 SSD(Solid State Disk: 반도체 디스크)라고 시장에 나와 있어요. 가격도 저렴하더군요.

초창기 플래시로 만든 SSD는 엄청 비쌌거든요.

메모리 반도체는 이처럼 전원 전압이 꺼지면 그 전의 데이터가 다 지워지는 휘발성 메모리와 전원이 커져도 그 전데이터를 기억하는 비휘발성 메모리로 대분됩니다.

그리고 휘발성 메모리도 정적 램(Static RAM)과 동적 램(Dynamic RAM)으로 분류해요.

Memory	DRAM	SRAM	FLASH
Cell	1 T + 1 C	6 T or 4 T + 2 Load	1 T
Readout	destructive	Non - destructive	Non - destructive
Refresh	Need	Non	Non
Data	Volatile	Volatile	Non-volatile
Storage mechanism	Charging & discharging of capacitor	Switching of cross coupled inverters	Charging & discharging of F.G
Speed	< 100 ns	< 50 ns	~ 100 ns
Power	~ 100 mA	~ 100 mA	~ 10 mA
Market	Big	small	Big

이를 간단히 정적 반도체(SRAM)와 동적 반도체(DRAM)로 표기하는데 정적 RAM의 경우는 위 그림에서 보시면 매좌측 항목에 리드 아웃(Read out) 란이 보이시죠. SRAM은 뭐라고 되어 있나요? 네, 비파괴적(Non-Destructive)이란 용어가 보일 거예요.

즉 데이터를 읽을 때 Cell Data(셀 데이터)를 파괴하지 않기 때문에 DRAM에서 필요한 재생(Refresh)이란 동작을 해 줄 필요가 없어요. 또한 SRAM은 래치(latch: 하나 이상의 비트들을 저장하기 위한 디지털 논리 회로)를 서로 물려놓은 구조이기 때문에 속도가 빨라요. 재생(Refresh)도 필요 없고 DRAM에 비해 다 좋은데 가격이 비싸다는 결정적 흠이 있어요, 구조가 좀 복잡한 만큼 셀(Cell: 데이터를 저장하는 최소 단위)을 작게 만들지 못하고 따라서 집적도에 한계가 있어서 그런 거예요.

그에 반해 DRAM은 트랜지스터(Tr) 하나에 커패시티 하나로 만들어져 있기 때문에 구조가 간단해요. 구조가 간단한 만큼 셀(Cell)을 작게 만들 수 있고, 고집적도로 DRAM 제작이 가능하니까 생산성이 그만큼 높다는 얘기가 되는 거예요. 그만큼 제조사 입장에서 동일한 원가를 들여서 더 많은 칩을 생산해 줄 수 있는 DRAM의 가격이 낮겠죠.

DRAM에서는 리드 아웃(Read Out) 방식이 뭐죠? 위 그림을 빨리 보세요.

네, 디스트럭티브(destructive)로 되어 있죠. 파괴적이란 뜻입니다. 읽어 내는 과정 자체가 그 전에 기억하고 있던 셀 데이터를 파괴하는 동작이란 것이죠. 그래서 파괴되었던 데이트를 다시 복구하는 재생(Refresh) 과정이 필요한 것이에요.

SRAM은 중앙처리장치(CPU)의 빠른 속도와 메모리(Memory)의 다소 느린 속도사이 중간 버퍼(Buffer) 역할을 해요. 이를 캐시메모리라고 불리고, 위치에 따라 L1 캐시, L2 캐시 등으로 나누어져요. 현 시장에서는 그다지 큰 시장성이 없어서 SRAM을 생산하는 업체는 별로 없어요.

그럼 DRAM부터 해서 플래시(Flash)에 대해 우리가 살펴볼 내용을 압축해 보도록 하죠.

현재의 시장에서는 LPDDR2~3이 모바일(Mobile) 메모리 시장의 주류를 이루고, DRAM은 DDR4시장이 막 형성되려 하고 있어요. 플래시(Flash)는 꾸준히 시장이 활성화되고 있는 상황입니다.

롬(ROM)과 EEPROM(비휘발성 메모리의 일종)의 구분 등은 플래시(Flash)를 설명드릴 때 보충하도록 하겠습니다.

DRAM이 뭘까요? 컴퓨터가 기억하는 게 뭘까요?

설마 어릴 적 옛 여자 친구의 추억을 Memory(회상)하는 것은 아니겠죠?

컴퓨터에서는 0과 1로 표현되는 2진법으로 연산을 하기 때문에 당근 DRAM에서도 0과 1 두 가지 경우밖에 기억하지 못하겠죠?

기억의 원천은 무엇일까요?

네, 앞의 그림처럼 1Tr과 1커패시터입니다.

여기서의 Tr은 스위치의 역할을 하는 거예요.

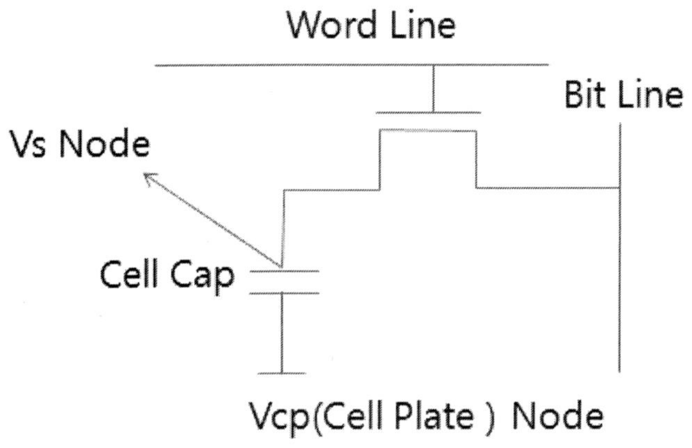

Word Line(WL)에 High Level로 인가를 하고 있는 상황에서 Bit Line 전위를 1.8V를 가해주고 있으면 Tr은 스위치 켬(Switch-On) 상태에서 셀캡(Cell Cap)에 1.8V로 충전되기 시작해요. 그리고 1.8V(Data '1')로 충전이 완료되면 WL이 0V로 인가되면 Cell Tr은 스위치 끔(Switch-Off)이 되어 그 전 충전 상태를 유지해요. 이것이 기본적인 '1' Data를 쓰기가 완료되고요. 동일 조건에서 Bit Line만 '0V'로 가해지면 '0' Data가 쓰기 완료되는 셈이 됩니다.

즉, Data '1'은 Vs node에 1.8V 그리고 Vcp node에 0.8V (Vcp node는 0.8V로 고정되어 있어요) 그리고 Cell Cap의 용량은 25fF 정도의 값을 가집니다.

그러면, Cell Cap 양단의 전압차 0.8V와 셀캡(Cell Cap)의 용량을 곱한 값만큼 전하량이 보존이 되죠.

25fF × (+0.8V) = +20fQ, 즉 '1' data는 +20fQ, '0' data는 -20fQ이 있는 거예요.

이렇게 적은 전하량으로 '1'과 '0'을 기억하는 것이에요.

본격적인 DRAM의 내용은 다음 시리즈에서 상세히 설명해 드릴게요. 다음 시리즈를 기대해 주세요.